华章 IT

HZBOOKS | Information Technology

移动应用开发技术丛书

Android Jetpack开发

原理解析与应用实战

黄林晴 ◎ 著

机械工业出版社
China Machine Press

图书在版编目（CIP）数据

Android Jetpack 开发：原理解析与应用实战 / 黄林晴著 . -- 北京：机械工业出版社，
2022.5
（移动应用开发技术丛书）
ISBN 978-7-111-70615-1

I. ① A…　 II. ①黄…　 III. ①移动终端 – 应用程序 – 程序设计　 IV. ① TN929.53

中国版本图书馆 CIP 数据核字（2022）第 068897 号

Android Jetpack 开发：原理解析与应用实战

出版发行：机械工业出版社（北京市西城区百万庄大街 22 号　邮政编码：100037）

责任编辑：杨绣国　　　　　　　　　　　责任校对：殷　虹

印　　刷：涿州市京南印刷厂　　　　　　版　　次：2022 年 7 月第 1 版第 1 次印刷

开　　本：186mm×240mm　1/16　　　　印　　张：13.25

书　　号：ISBN 978-7-111-70615-1　　　定　　价：89.00 元

客服电话：（010）88361066　88379833　68326294　　　投稿热线：（010）88379604
华章网站：www.hzbook.com　　　　　　　　　　　　　读者信箱：hzjsj@hzbook.com

为什么要写这本书

虽然我长期在 CSDN 上输出技术文章，也获得了不错的反响，但之前从来没有想过要写一本书，因为我知道写书是一件比写博客困难许多的事情。

技术交流群中许多读者问过我有没有比较系统的 Jetpack 学习资料可以推荐，我的回答一直都是官方文档。当我通过官方文档学习 Jetpack 的时候，发现里面往往都是比较简单的小例子，许多读者看完之后依旧不清楚 Jetpack 组件该如何使用。目前国内外讲解 Jetpack 的书籍寥寥无几，博客中讲解的知识点又比较零散，导致读者无法将 Jetpack 与真实的项目结合起来使用。

一次偶然的机会，机械工业出版社华章分社的编辑 Lisa 联系到我，问我是否有兴趣出版一本关于 Jetpack 的书籍，这着实让我受宠若惊。再基于上述原因，我坚定了写一本关于 Jetpack 图书的决心，于是，本书诞生了。

读者对象

本书适合已有 Android 开发基础并想要学习或者已经使用 Jetpack 开发的读者。全书代码使用 Kotlin 编写，所以需要读者有一定的 Kotlin 基础，即使没有 Kotlin 基础也没有太大关系，从这本书开始一起学习吧！

如何阅读本书

全书共 12 章，第 1 章介绍 Jetpack 的基本知识，主要包括 Android 开发架构的发展历程和如何构建支持 Jetpack 的项目。介绍完基本知识之后，第 2 章到第 10 章详细介绍架构组件的基本使用和在实际项目中可能遇到的一些问题，其中主要包括 Lifecycle、ViewModel、LiveData、ViewBinding、DataBinding、Room、Hilt 等基础架构组件，通过切合实际的需求用例循序渐进地讲解每个组件的使用方法和使用场景。除此之外还讲解了当下最流行的 Kotlin 协程和 Flow 相关知识，让读者了解如何使用这些技术结合 Jetpack 组件写出更加优雅的代码。学习完前面的基础知识后，第 11 章通过实战项目"健康出行 App"演示如何搭建组件化结构的项目，并且将上述理论转化为实际成果。第 12 章作为扩展内容讲解了最新的响应式 UI 编程技术——Jetpack Compose。

读者可以根据自身情况来决定如何阅读本书。如果你是初学者，建议从第 1 章开始循序渐进地阅读，这样不会太吃力。如果你已经熟悉 Jetpack 的部分组件，可直接选择感兴趣的章节阅读，每个章节后面的原理小课堂也一定不要错过。

勘误和支持

由于作者的水平有限，编写的时间也很仓促，加之技术在不断更新和迭代，书中难免会出现一些错误或者不准确的地方，恳请读者批评指正。读者可以通过以下方式提供反馈。

❑ 关注微信公众号"Android 技术圈"，回复"勘误"，在收到消息的页面评论、留言。

❑ 通过我的博客（https://huanglinqing.blog.csdn.net）评论、留言。

我会在收到信息后及时回复，对于一些反馈较多或重要的问题，我会通过公众号和博客集中回复。

书中的全部源文件除可以从华章网站（www.hzbook.com）的本书页面下载外，也可以从 https://github.com/huanglinqing123 下载。我会根据相应的功能同步更新代码。如果你有更多的宝贵意见，欢迎发送邮件至邮箱 huanglinqing6@gmail.com，期待你的反馈。

致谢

感谢我的妻子任丽君，她在我迷茫时开导我，支持和鼓励我写作。也感谢她对家庭的付出，让我有更多的时间来完成书稿。

感谢我的好友郭国阳、李武，他们在整个写作过程中提出了宝贵意见与技术勘误。感谢养老研发移动端组与我并肩作战的同事们，团队良好的技术氛围为新技术的探索提供了有力的支持。

感谢机械工业出版社华章分社的编辑 Lisa，感谢她的魄力和远见，并且在这半年多的时间中始终支持我的写作，她的鼓励和帮助引导我顺利完成全部书稿。

最后我一定要感谢我的父母、老师，他们将我培养成人，并时时刻刻给我信心和力量！

谨以此书，献给所有 Android 开发者。

黄林晴

中国，合肥，2021 年 12 月

目 录 *Contents*

第 1 章 *Chapter 1*

认识 Jetpack

欢迎走进 Jetpack 的世界，工欲善其事，必先利其器，本章将从开发架构的发展历程说起，一步步带领大家认识 Jetpack，并了解如何构建一个支持 Jetpack 的项目。本章是全书内容的基础，如果你还不了解 Jetpack 或没有搭建过支持 Jetpack 的项目，本章内容不容错过。

1.1 Android 开发架构的发展历程

互联网技术日新月异，越来越多优秀的开发工程师开始追寻更高效率的开发模式，因此，不断涌现出新的软件开发模式，其中 MVC、MVP 以及 MVVM 这三种模式一直是软件行业争论的焦点。下面就分别来看一下这三种开发模式在 Android 应用开发中是如何应用的吧。

1. MVC

MVC 的全称是 Model-View-Controller，即模型 – 视图 – 控制器，Model 负责数据的管理，View 负责 UI 的显示，Controller 负责逻辑控制。在 Android 中充当视图层角色的是各种 xml 文件，充当逻辑控制层角色的是 Activity 或者 Fragment，充当模型层的是网络请求等部分。MVC 框架逻辑如图 1-1 所示。

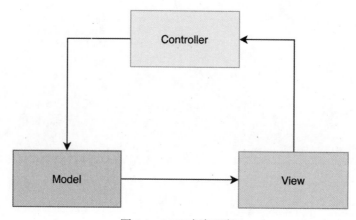

图 1-1   MVC 框架逻辑

由于 XML 的能力较弱，在实际项目中数据设置一般都是在 Activity 或 Fragment 中完成的，因此导致 Activity 既充当了 Controller 层又充当了 View 层，且 Controller 层需要调用 Model 层获取数据，从而导致绝大多数的任务都是在 Controller 中完成的，这也就使得 Controller 层不易维护，因为 Model 层与 View 层耦合性较高，容易牵一发而动全身。

2. MVP

MVP 的全称是 Model-View-Presenter，Model 负责数据的管理，View 负责 UI 的显示，Presenter 负责逻辑控制，但是与 MVC 不同的是，MVP 改变了通信方向，View 层和 Model 层不再直接通信，而是通过 Presenter 层作为"中间人"，MVP 框架逻辑如图 1-2 所示。

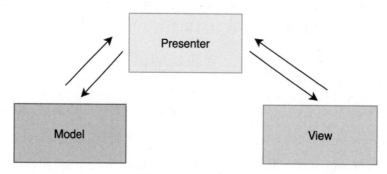

图 1-2   MVP 框架逻辑

View 层产生事件，通知 Presenter 层，Presenter 层则通知 Model 层更新数据，Model 层更新数据后，返回并通知 Presenter 层，Presenter 层再通知 View 层更新界面。MVP 相比于 MVC 的好处显而易见，即将 View 层与 Model 层解耦，使得每一层的职责更清晰、明确。但 MVP 作为"中间人"，需要借助接口回调的方式转发消息，从而导致接口类文件增多，且实现类无法避免许多无用的空实现。

3. MVVM

其实 MVP 已经算是一种很好的开发模式了，MVVM 模式则相当于 MVP 的一种改进版本，MVVM 的全称是 Model-View-ViewModel，要注意的是，这里的 ViewModel 并不能直接与 Jetpack 中的 ViewModel 组件划等号。

ViewModel 中有一个 Binder，在不同系统的 MVVM 开发模式中对 Binder 有不同的实现，比如前端开发中的 Vue.js 或 iOS 开发中的 RAC，而在 Android 开发中充当 Binder 角色的则是 Jetpack 组件中的 DataBinding，Binder 的作用就是替代 MVP 中 Presenter 层的"中间人"角色。此模式会将 View 和 ViewModel 层完全解耦，从而使得职责划分更清晰，MVVM 框架逻辑如图 1-3 所示。

图 1-3 MVVM 框架逻辑

MVVM 开发模式是当前 Google 最推荐的开发模式，为了便于使用 MVVM 开发模式，Google 还打造了一套工具集——Jetpack。

1.2 什么是 Jetpack

按照 Google 官方的介绍，Jetpack 是一个由多个库组成的套件，可帮助开发者遵循最佳做法，减少样板代码并编写可以在各种 Android 版本和设备中一致运行的代码，这样开发者就可以集中精力编写重要的代码了。

早在 2017 年的时候，Google 就推出了一系列架构组件，称为 Architecture Components，并于 2018 年在 Google I/O 大会上提出 Jetpack，且将 Architecture

Components 纳入其中，时至今日，越来越多的组件如 Room、Paging3 也被纳入其中。Jetpack 主要分为基础、架构组件、行为、页面这四个模块，其体系结构如图 1-4 所示。

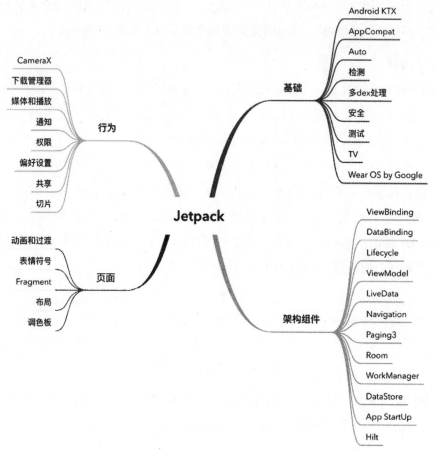

图 1-4　Jetpack 体系结构

在开发模式中，最为重要的就是架构组件部分，使用架构组件可以帮助我们写出更加优雅的代码。那么我们如何构建一个支持 Jetpack 的项目呢？

1.3　如何构建支持 Jetpack 的项目

Jetpack 所有的库都是发布在 AndroidX 下面的，所以我们只需要新建支持 AndroidX

的项目便可以在项目中引用任意的 Jetpack 组件。那么，什么是 AndroidX 呢？

相信每个 Android 开发人员都使用过 support-v4 和 appcompat-v7 支持库，这两种支持库是 Android 早期为了解决新版 API 的向后兼容问题而发布的，但是 Google 随后意识到这种包含 v4、v7 版本号的命名方式已经不合时宜，因此推出了 AndroidX，将所有 API 的包名都统一为 androidx.* 的方式，AndroidX 不仅提供与支持库同等的功能，而且还提供了新的库，28.0.0 是支持库的最后一个版本。Google 将不再发布 android.support 库版本，因此对于开发者来说，使用 AndroidX 替代支持库是或早或晚的事情，接下来我们一起来看如何新建支持 AndroidX 的项目。

从 Android Studio 3.4 版本开始，新建的项目已经默认勾选使用 AndroidX 了，为了便于体验更多新功能，本书代码环境使用当前最新的 Android Studio 4.2 预览版。

新建项目 JetpackDemo，可以看到项目默认使用 AndroidX，但是可以勾选使用 Android 支持库，不过，这会影响使用最新的服务和 Jetpack 库，所以这里不用勾选 Use legacy android.support libraries 选项。新建项目的示例如图 1-5 所示。

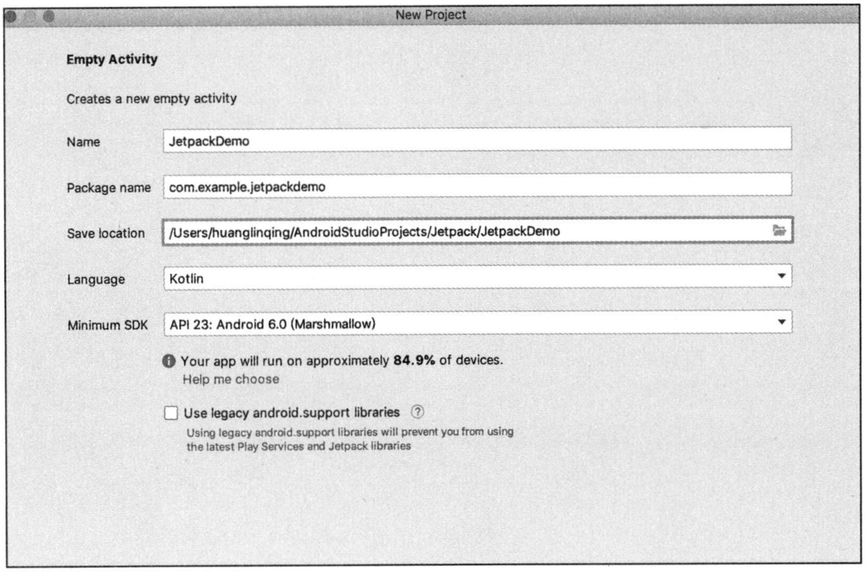

图 1-5 新建项目

如果你想更改项目中的配置，那么有如下两点是要注意的，否则可能会影响使用 AndroidX：

❏ compileSdkVersion 的编译版本不能低于 API 28。

❏ gradle.properties 中的 android.useAndroidX 属性必须存在且值为 true，这样
Android 插件才会使用对应的 AndroidX 库，而非支持库。如果未指定，那么
该标志默认认为 false。

新建项目成功后，就可以在项目中使用 Jetpack 的组件库了。

1.4 小结

本章首先介绍了 Android 开发架构的发展历程，比较了各种开发模式的优缺点，
其中，MVVM 是 Google 当前主流的开发模式，然后介绍了什么是 Jetpack，让大家
对 Jetpack 有一定的了解，最后介绍了 AndroidX 的相关知识，并展示了如何构建支
持 Jetpack 的项目。从下一章开始，将正式进入 Jetpack 组件的学习。

使用 Lifecycle，感知生命周期

通过上一章的学习，读者已经对 Jetpack 有了基本的认识，本章将讲解 Jetpack 的第一个组件——Lifecycle。首先从实际项目需求出发，演示如何使用 Lifecycle 感知生命周期的功能，从而分离业务代码，然后介绍如何解决实际项目中常见的问题，最后通过源码分析讲解 Lifecycle 组件的实现原理，做到知其然，知其所以然。快来一起体验 Lifecycle 的强大功能吧！

2.1 从广告引导页的需求说起

在实际 App 项目开发中，广告引导页是一个很常见的需求，具体描述如下：

❑ 用户打开 App 显示 5 秒钟的广告，广告结束后进入 App 主页面。

❑ 广告结束前，用户可以点击跳过广告。

❑ 页面销毁时，计时器销毁。

下面通过代码实现上述需求，首先新建一个广告管理工具类 AdvertisingManage，在 AdvertisingManage 中新建计时开始、终止等方法，具体如下：

```
class AdvertisingManage {
    var TAG = "AdvertisingManage"
    // 监听事件
```

```kotlin
var advertisingManageListener: AdvertisingManageListener? = null
// 定时器
private var countDownTimer: CountDownTimer? = object : CountDownTimer(5000, 1000){
    override fun onTick(millisUntilFinished: Long) {
        Log.d(TAG, "广告剩余 ${(millisUntilFinished / 1000).toInt()}秒")
        advertisingManageListener?.timing((millisUntilFinished / 1000).toInt())
    }

    override fun onFinish() {
        Log.d(TAG, "广告结束，准备进入主页面")
        advertisingManageListener?.enterMainActivity()
    }
}

    /**
     * 开始计时
     */
fun start() {
    Log.d(TAG, "开始计时")
    countDownTimer?.start()
}
    /**
     * 停止计时
     */
fun onCancel() {
    Log.d(TAG, "停止计时")
    countDownTimer?.cancel()
    countDownTimer = null
}
    /**
     *广告管理接口
     */
interface AdvertisingManageListener {
    /**
     * 计时
     * @param second 秒
     */
    fun timing(second: Int)

        /**
         * 计时结束，进入主页面
         */
    fun enterMainActivity()
}
}
```

然后在引导页 AdvertisingActivity 中，基于 onCreate 方法实现开始计时，基于 onDestroy 方法实现取消计时，AdvertisingActivity 的主要代码如下：

```kotlin
class AdvertisingActivity : AppCompatActivity() {
    // 跳过广告按钮
    lateinit var btnIngore: Button
    // 广告时间
    lateinit var tvAdvertisingTime: TextView

    private var advertisingManage: AdvertisingManage? = null

    override fun onCreate(savedInstanceState: Bundle?) {
        super.onCreate(savedInstanceState)
        setContentView(R.layout.activity_advertising)
        btnIngore = findViewById(R.id.btn_ignore)
        tvAdvertisingTime = findViewById(R.id.tv_advertising_time)
        advertisingManage = AdvertisingManage()
        advertisingManage?.advertisingManageListern =
            object : AdvertisingManage.AdvertisingManageListern {
                override fun timing(second: Int) {
                    tvAdvertisingTime.text = "广告剩余 $second 秒"
                }

                override fun enterMainActivity() {
                    MainActivity.actionStart(this@AdvertisingActivity)
                    finish()
                }
            }
        // 跳过广告点击事件
        btnIngore.setOnClickListener {
            MainActivity.actionStart(this@AdvertisingActivity)
            finish()
        }
        // 开始广告
        advertisingManage?.start()
    }

    override fun onDestroy() {
        super.onDestroy()
        advertisingManage?.onCancel()
    }
}
```

运行程序，在 5 秒后广告会自动结束，运行日志如图 2-1 所示。

再次运行程序，在第 3 秒时，点击跳过广告，运行日志如图 2-2 所示。

这样就实现了广告引导页的需求，但是这种实现方式不够优雅，因为开发者需要在 Activity 对应生命周期的方法中主动执行相关的方法，当与生命周期相关联的方法越来越多时，业务的改动就会导致 Activity 层的处理逻辑难以维护，那么有没有什么办法可以让管理类主动执行 Activity 对应生命周期的方法呢？这就是本章要认识的第一个 Jetpack 组件——Lifecycle。

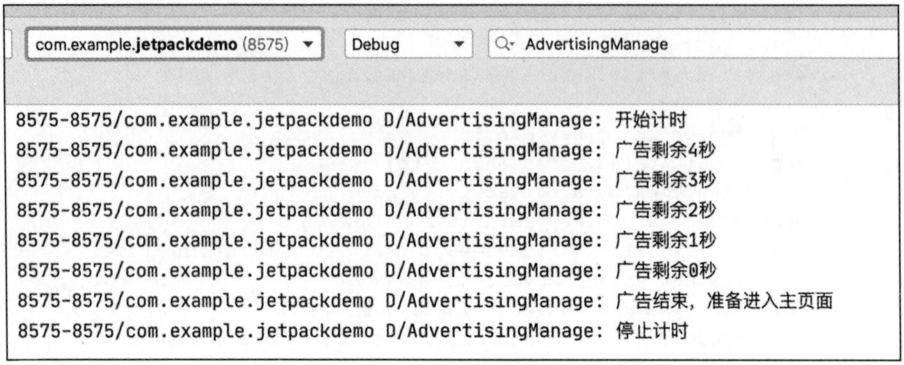

图 2-1　运行日志

图 2-2　跳过广告运行日志

2.2　Lifecycle 的基本使用

2.2.1　使用 Lifecycle 优化广告引导页的需求

　　什么是 Lifecycle 呢？ Lifecycle 是 Jetpack 架构组件中用来感知生命周期的组件，使用 Lifecycle 可以帮助开发者写出与生命周期相关且更简洁、更易维护的代码。这单纯从定义上可能并不好理解，接下来通过优化上面所述广告引导页的功能来展示 Lifecycle 的具体使用方法。

　　首先在项目中添加 Lifecycle 组件的依赖项，代码如下：

```
dependencies {
    ...
```

```
    def lifecycle_version = "2.2.0"
    implementation
"androidx.lifecycle:lifecycle-livedata-ktx:$lifecycle_version"
    ...
}
```

接着在广告管理类 AdvertisingManage 中实现 LifecycleObserver 接口，代码如下：

```
object AdvertisingManage:LifecycleObserver {
    ...
}
```

通过 LifecycleObserver 的源码可以看出，LifecycleObserver 是一个空接口，所以开发者不需要实现额外的方法。

然后通过 OnLifecycleEvent 注解将方法与生命周期绑定，比如，要在 Activity onCreate 的生命周期中执行 AdvertisingManage 类的 onStart 方法，且在 onDestroy 的生命周期中执行 onCancel 方法，那么可以采用如下代码：

```
/**
 * 开始计时
 */
@OnLifecycleEvent(Lifecycle.Event.ON_CREATE)
fun start() {
        Log.d(TAG, " 开始计时 ")
        countDownTimer?.start()
}
/**
 * 停止计时
 */
@OnLifecycleEvent(Lifecycle.Event.ON_DESTROY)
fun onCancel() {
        Log.d(TAG, " 停止计时 ")
        countDownTimer?.cancel()
        countDownTimer = null
}
```

当然仅这样还不行，还要在 Activity 中通过 addObserver 方法注册 Advertising-Manage，此时应该将之前在 Activity 生命周期中主动调用的方法移除。修改后 Activity 的代码如下：

```
class AdvertisingActivity : AppCompatActivity() {
    // 跳过广告按钮
    lateinit var btnIngore: Button
    // 广告时间
```

```
    lateinit var tvAdvertisingTime: TextView

    override fun onCreate(savedInstanceState: Bundle?) {
        super.onCreate(savedInstanceState)
        setContentView(R.layout.activity_advertising)
        val advertisingManage = AdvertisingManage()
        lifecycle.addObserver(advertisingManage)
        btnIngore = findViewById(R.id.btn_ignore)
        tvAdvertisingTime = findViewById(R.id.tv_advertising_time)
        advertisingManage.advertisingManageListener =
                object : AdvertisingManage.AdvertisingManageListener {
            override fun timing(second: Int) {
                tvAdvertisingTime.text = "广告剩余 $second 秒 "
            }

            override fun enterMainActivity() {
                MainActivity.actionStart(this@AdvertisingActivity)
                finish()
            }
        }
        // 跳过广告点击事件
        btnIngore.setOnClickListener {
            MainActivity.actionStart(this@AdvertisingActivity)
            finish()
        }
    }
}
```

再次运行程序，打印日志如图 2-3 所示。

```
-10934/com.example.jetpackdemo D/AdvertisingManage: 开始计时
-10934/com.example.jetpackdemo D/AdvertisingManage: 广告剩余4秒
-10934/com.example.jetpackdemo D/AdvertisingManage: 广告剩余3秒
-10934/com.example.jetpackdemo D/AdvertisingManage: 广告剩余2秒
-10934/com.example.jetpackdemo D/AdvertisingManage: 广告剩余1秒
-10934/com.example.jetpackdemo D/AdvertisingManage: 广告剩余0秒
-10934/com.example.jetpackdemo D/AdvertisingManage: 广告结束，准备进入主页面
-10934/com.example.jetpackdemo D/AdvertisingManage: 停止计时
```

图 2-3　打印日志

从图 2-3 中可以看到，最终结果与之前的结果无异，但是使用 Lifecycle 改造后的实现方式极大简化了 Activity 中的代码逻辑，这种方式也使得业务功能与 Activity 业务逻辑分离。

现在回过头来看 OnLifecycleEvent 的注解方法，其中，Lifecycle.Event 的枚举如下：

```
public enum Event {
    /**
     * Constant for onCreate event of the {@link LifecycleOwner}.
     */
    ON_CREATE,
    /**
     * Constant for onStart event of the {@link LifecycleOwner}.
     */
    ON_START,
    /**
     * Constant for onResume event of the {@link LifecycleOwner}.
     */
    ON_RESUME,
    /**
     * Constant for onPause event of the {@link LifecycleOwner}.
     */
    ON_PAUSE,
    /**
     * Constant for onStop event of the {@link LifecycleOwner}.
     */
    ON_STOP,
    /**
     * Constant for onDestroy event of the {@link LifecycleOwner}.
     */
    ON_DESTROY,
    /**
     * An {@link Event Event} constant that can be used to match all events.
     */
    ON_ANY;
}
```

上述代码中，前面几个状态分别对应 Activity 的生命周期，最后一个 ON_ANY 状态则表示可对应 Activity 的任意生命周期。

再来看注册的方法 lifecycle.addObserver(AdvertisingManage)，为什么它可以直接调用 getLifecycle 方法呢？那是因为 getLifecycle 是接口 LifecycleOwner 的实现方法。LifecycleOwner 的源码如下：

```
public interface LifecycleOwner {
    /**
     * Returns the Lifecycle of the provider.
     *
     * @return The lifecycle of the provider.
     */
    @NonNull
    Lifecycle getLifecycle();
}
```

通过追溯源码可以发现，当前 Activity 继承的是 androidx.core.app.Component-Activity，而 ComponentActivity 实现了 LifecycleOwner 接口，所以开发者可以直接调用 getLifecycle 方法。实现 ComponentActivity 类的源码如下：

```
public class ComponentActivity extends Activity implements
        LifecycleOwner,
        KeyEventDispatcher.Component {
    ...
}
```

除了 ComponentActivity 之外，在 ComponentActivity 的子类 androidx.fragment.app.FragmentActivity、androidx.appcompat.app.AppCompatActivity 以及 androidx.fragment.app.Fragment 中都是可以直接使用 Lifecycle 的，这是 AndroidX 帮助开发者完成的。

如果当前 Activity 继承的是没有实现 LifecycleOwner 接口的 android.app.Activity，会发生什么呢？为了便于测试，这里直接将当前 Activity 的继承修改为 android.app.Activity，之后你会看到 lifecycle.addObserver(AdvertisingManage) 这行代码报错了，这就是因为 android.app.Activity 没有实现 getLifecycle 方法，这时，自定义 LifecycleOwner 就派上用场了。

2.2.2　自定义 LifecycleOwner

使用 getLifecycle 方法的前提是当前父类实现了 LifecycleOwner 接口，因此若需要在没有实现 LifecycleOwner 接口的类中使用该方法，则需要自定义 LifecycleOwner。

首先，让继承自 Activity 类的页面实现 LifecycleOwner 接口并重写 getLifecycle 方法，修改后的代码如下：

```
class AdvertisingActivity : Activity(), LifecycleOwner {

    // 跳过广告按钮
    lateinit var btnIngore: Button

    // 广告时间
    lateinit var tvAdvertisingTime: TextView

    lateinit var lifecycleRegistry: LifecycleRegistry
```

```kotlin
override fun onCreate(savedInstanceState: Bundle?) {
    super.onCreate(savedInstanceState)
    setContentView(R.layout.activity_advertising)
    val advertisingManage = AdvertisingManage()
    lifecycle.addObserver(advertisingManage)
    btnIngore = findViewById(R.id.btn_ignore)
    tvAdvertisingTime = findViewById(R.id.tv_advertising_time)
    advertisingManage.advertisingManageListener =
        object : AdvertisingManage.AdvertisingManageListener {
            override fun timing(second: Int) {
                tvAdvertisingTime.text = "广告剩余 $second 秒"
            }

            override fun enterMainActivity() {
                MainActivity.actionStart(this@AdvertisingActivity)
                finish()
            }
        }
    // 跳过广告点击事件
    btnIngore.setOnClickListener {
        MainActivity.actionStart(this@AdvertisingActivity)
        finish()
    }
}

override fun getLifecycle(): Lifecycle {
    return lifecycleRegistry
}
}
```

如此，就实现了与继承 AppCompatActivity 时同样的效果。这样一来就可以通过注解方法主动执行对应生命周期的方法了。如果开发者想主动获取当前 Activity 的生命周期状态，又该如何做呢？

开发者可以使用 Lifecycle 的 getCurrentState 方法，从源码可以看出，getCurrentState 会返回如下种类的 State：

```java
public enum State {
    DESTROYED,
    INITIALIZED,
    CREATED,
    STARTED,
    RESUMED;
}
```

State 种类状态返回值与 Activity 生命周期的对应关系如图 2-4 所示。

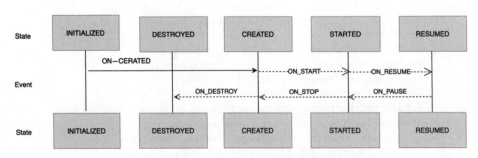

图 2-4 State 返回值与 Activity 生命周期的对应关系

如果 getCurrentState 返回的值是 STARTED，则说明当前 Activity 已经执行了 onStart 方法，但是还未执行 onResume 方法，其他返回值可以此类推。Lifecycle 的使用场景有很多，比如，在下载文件的需求中，想要节省流量，那么可以在 App 处于后台时停止下载，当 App 置于前台时又能自动恢复下载。这个功能的具体实现就交给读者去尝试了。接下来看看在实际项目中 Lifecycle 还可以解决哪些常见的问题。

2.3 使用 Lifecycle 解决实际项目中常见的问题

了解 Lifecycle 的基本使用之后，接着来看如何使用 Lifecycle 解决实际项目中常见的问题。

2.3.1 Dialog 内存泄漏问题分析

Dialog 是 Android 开发中最常用的组件之一，相信每位读者都使用过。现在一起实现一个 Dialog，用于网络请求的简单提示。Dialog 的代码很简单，直接设置一个布局即可，具体如下：

```
class TipDialog(context: Context) : Dialog(context) {
    override fun onCreate(savedInstanceState: Bundle?) {
        super.onCreate(savedInstanceState)
        setContentView(R.layout.item_tip_dialog)
    }
}
```

接下来模拟如下场景：

❑ 进入页面时开始网络请求，显示 Dialog。

❑ 请求结束时（两秒后），退出当前页面。

下面实现上述需求，Activity 的代码如下：

```kotlin
class MainActivity : AppCompatActivity() {
    override fun onCreate(savedInstanceState: Bundle?) {
        super.onCreate(savedInstanceState)
        setContentView(R.layout.activity_main2)
        TipDialog(this).show()
        Handler().postDelayed({
            finish()
        }, 2000)
    }
}
```

运行程序，两秒后，软件出现异常崩溃，错误日志如下：

```
00:58:23.618  28162-28162/com.example.jetpackdemo E/WindowManager: android.view.
    WindowLeaked: Activity com.example.jetpackdemo.ui.activity.MainActivity has
    leaked window DecorView@df7a4a4[MainActivity] that was originally added here
        at android.view.ViewRootImpl.<init>(ViewRootImpl.java:818)
        at android.view.ViewRootImpl.<init>(ViewRootImpl.java:798)
        at android.view.WindowManagerGlobal.addView(WindowManagerGlobal.
            java:399)
        at android.view.WindowManagerImpl.addView(WindowManagerImpl.java:110)
        at android.app.Dialog.show(Dialog.java:353)
        at com.example.jetpackdemo.ui.activity.MainActivity.onCreate(MainActivity.
            kt:23)
        at android.app.Activity.performCreate(Activity.java:8146)
        at android.app.Activity.performCreate(Activity.java:8130)
        at android.app.Instrumentation.callActivityOnCreate(Instrumentation.
            java:1310)
        at android.app.ActivityThread.performLaunchActivity(ActivityThread.
            java:3668)
        at android.app.ActivityThread.handleLaunchActivity(ActivityThread.
            java:3866)
        at android.app.servertransaction.LaunchActivityItem.execute(LaunchActivityItem.
            java:85)
        at android.app.servertransaction.TransactionExecutor.executeCallbacks
            (TransactionExecutor.java:140)
        at android.app.servertransaction.TransactionExecutor.execute(TransactionExecutor.
            java:100)
        at android.app.ActivityThread$H.handleMessage(ActivityThread.java:2296)
        at android.os.Handler.dispatchMessage(Handler.java:106)
        at android.os.Looper.loop(Looper.java:254)
        at android.app.ActivityThread.main(ActivityThread.java:8234)
        at java.lang.reflect.Method.invoke(Native Method)
        at com.android.internal.os.RuntimeInit$MethodAndArgsCaller.run(RuntimeInit.
```

```
                     java:612)
        at com.android.internal.os.ZygoteInit.main(ZygoteInit.java:1006)
```

相信很多开发者都遇到过这个错误，这是因为在 Activity 关闭的时候，Dialog 没有关闭，进而导致内存泄漏。了解了出现异常的原因，解决起来就很容易了，在销毁 Activity 的时候，关闭 Dialog 即可，示例代码如下：

```
class MainActivity : AppCompatActivity() {
    var dialog: TipDialog? = null
    override fun onCreate(savedInstanceState: Bundle?) {
        super.onCreate(savedInstanceState)
        setContentView(R.layout.activity_main2)
        dialog = TipDialog(this)
        dialog?.show()
        Handler().postDelayed({
            finish()
        }, 2000)
    }

    override fun onDestroy() {
        super.onDestroy()
        dialog?.dismiss()
    }
}
```

上面的方法虽然可以解决内存泄漏问题，但若弹窗类型很多，则需要在 onDestroy 中编写许多额外的处理逻辑，且容易忘记，不过，如果使用 Lifecycle 组件，就可以完美地解决这个问题。

2.3.2 使用 Lifecycle 打造一个完美的 Dialog

由于 Dialog 中的参数 Context 必须是 Activity 的上下文，因此开发者完全可以在 Dialog 中使用 Lifecycle 组件来感知生命周期，在 2.2.1 节中已经介绍，只要是在 androidx.fragment.app.Fragment、ComponentActivity 及其子类 Activity 中，就可以直接使用 Lifecycle 组件。所以这成了一个取舍问题，如果 xxxActivity 继承的是 Activity，将无法直接使用 Lifecycle，那就只能自定义 LifecycleOwner 或者在 Activity 中注册了，但是这样做完全没有必要，这里默认 xxxActivity 继承的是 ComponentActivity。

修改 TipDialog 的代码，使得 TipDialog 可以感应生命周期变化，示例如下：

```kotlin
class TipDialog(context: Context) : Dialog(context), LifecycleObserver {
    init {
        if (context is ComponentActivity) {
            (context as ComponentActivity).lifecycle.addObserver(this)
        }
    }

    override fun onCreate(savedInstanceState: Bundle?) {
        super.onCreate(savedInstanceState)
        setContentView(R.layout.item_tip_dialog)
    }

    @OnLifecycleEvent(Lifecycle.Event.ON_DESTROY)
    private fun onDestroy() {
        if (isShowing) {
            dismiss()
        }
    }
}
```

上面的代码在 2.2.1 节中已经详细介绍了，此处就不再赘述。当 Dialog 所依附的 Activity 被销毁时，Dialog 也可以自动关闭，再也不用担心 Dialog 的内存泄漏问题了。如此一来，就使用 Lifecycle 实现了一个完美的 Dialog。

> **注意**　在实际项目开发中，Dialog 使用不当会出现除了内存泄漏之外的其他问题，这需要开发者自行处理，这里解决的只是此种情境下产生的内存泄漏问题。

2.4　原理小课堂

在 2.2.1 节中已经讲解过，在 androidx.core.app.ComponentActivity 中默认实现了 LifecycleOwner 接口，getLifecycle 返回的实际是一个 LifecycleRegistry 对象，LifecycleRegistry 是 Lifecycle 的唯一实现类。Lifecycle 抽象类中定义了添加观察者（addObserver）、移除观察者（removeObserver），以及获取当前状态（getCurrentState）的方法，这是典型的观察者模式，接下来看看 ComponentActivity 中都做了什么，代码如下：

```java
@SuppressLint("RestrictedApi")
@Override
protected void onCreate(@Nullable Bundle savedInstanceState) {
```

```
        super.onCreate(savedInstanceState);
        ReportFragment.injectIfNeededIn(this);
    }
```

可以看到，ComponentActivity 中引入了一个 ReportFragment，ReportFragment 是一个无页面的 Fragment，它是用来协助 Activity 处理任务的，那么这里为什么要引入 ReportFragment 呢？别着急，我们先来看看其中的 injectIfNeededIn 方法，代码如下：

```
public static void injectIfNeededIn(Activity activity) {
    // 使用 Fragment 兼容处理不是继承自 FragmentActivity 的视图，确保 ProcessLifecycleOwner
        可以正常工作
    android.app.FragmentManager manager = activity.getFragmentManager();
    if (manager.findFragmentByTag(REPORT_FRAGMENT_TAG) == null) {
        manager.beginTransaction().add(new ReportFragment(), REPORT_
            FRAGMENT_TAG).commit();
        // 希望立即执行
        manager.executePendingTransactions();
    }
}
```

通过源码注释可以看出，引入 ReportFragment 是为了兼容那些并不是直接继承自 FragmentActivity 的页面，这样它们就可以正常使用 Lifecycle 了。在 Report-Fragment 中可以看到对应生命周期的方法中都会执行 dispatch 方法，代码如下：

```
@Override
public void onActivityCreated(Bundle savedInstanceState) {
        super.onActivityCreated(savedInstanceState);
        dispatchCreate(mProcessListener);
        dispatch(Lifecycle.Event.ON_CREATE);
    }

    @Override
    public void onStart() {
        super.onStart();
        dispatchStart(mProcessListener);
        dispatch(Lifecycle.Event.ON_START);
    }

    @Override
    public void onResume() {
        super.onResume();
        dispatchResume(mProcessListener);
        dispatch(Lifecycle.Event.ON_RESUME);
```

```
    }

    @Override
    public void onPause() {
        super.onPause();
        dispatch(Lifecycle.Event.ON_PAUSE);
    }

    @Override
    public void onStop() {
        super.onStop();
        dispatch(Lifecycle.Event.ON_STOP);
    }

    @Override
    public void onDestroy() {
        super.onDestroy();
        dispatch(Lifecycle.Event.ON_DESTROY);
        // 赋值为空，确保不会导致内存泄漏
    ocessListener = null;
    }
```

接下来看看dispatch方法的主要代码，具体如下：

```
private void dispatch(Lifecycle.Event event) {
    Activity activity = getActivity();
    if (activity instanceof LifecycleRegistryOwner) {
        ((LifecycleRegistryOwner) activity).getLifecycle().handleLifecycleEvent
            (event);
        return;
    }

    if (activity instanceof LifecycleOwner) {
        Lifecycle lifecycle = ((LifecycleOwner) activity).getLifecycle();
        if (lifecycle instanceof LifecycleRegistry) {
            ((LifecycleRegistry) lifecycle).handleLifecycleEvent(event);
        }
    }
}
```

dispatch方法最终都会进入handleLifecycleEvent方法中，通过handleLifecycle-
Event设置状态并通知观察者，Activity便能监听到生命周期的变化了。

 注
意　　本节内容涉及大量源码解析，无法详细讲解，感兴趣的读者可按照上述思路
自行解析。

2.5 小结

本章主要演示了如何使用 Lifecycle 组件感知生命周期的特性，从而分离业务代码，并以实际项目中常见的广告引导页需求为切入点，一步步讲解了 Lifecycle 组件的使用方法，除此之外，还讲解了如何使用 Lifecycle 优雅地解决常见的 Dialog 内存泄漏问题，最后通过解析源码介绍了 Lifecycle 组件的原理。相信通过本章的学习，读者可以熟练地使用 Lifecycle 解决项目中的实际问题了。在本章实现的引导页需求中，如果在广告计时的过程中旋转了手机屏幕会出现什么现象，又该如何解决呢？这将在下一章中揭晓。

第 3 章 *Chapter 3*

使用 ViewModel 管理页面数据

上一章讲解了 Jetpack 的第一个组件——Lifecycle，并通过 App 中引导页广告需求的例子为读者展示了 Lifecycle 的具体使用方法，相信读者已经可以使用 Lifecycle 写出更优雅的代码了。事实上，上一章中实现的代码是存在问题的，而 ViewModel 则可以完美地解决这个问题，那么具体是什么问题呢？ ViewModel 又是什么呢？本章将一一进行介绍。

3.1 什么是 ViewModel

按照官方描述，ViewModel 类旨在以注重生命周期的方式存储和管理界面相关的数据。ViewModel 类可在发生屏幕旋转等配置更改后让数据继续留存。

上面的描述怎么理解呢？这里通过上一章遗留的问题来说明。在上一章中使用 Lifecycle 实现了广告引导页的需求，即用户打开 App 进入引导页面，倒计 5 秒后进入主页面，正常操作下运行日志如图 3-1 所示。

如果在广告剩余 2 秒的时候将手机屏幕旋转，那么打印日志如图 3-2 所示。

通过图 3-2 可以发现，屏幕旋转后，原有计时停止后又重新开始了。出现这个问题的原因是当屏幕旋转时 Activity 被销毁后又重新创建了。

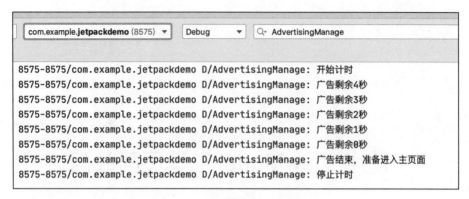

图 3-1　正常操作下的运行日志

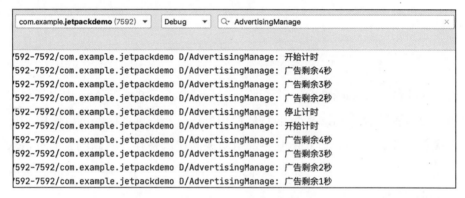

图 3-2　广告剩余 2 秒旋转屏幕日志

> 📷 **注意**　屏幕旋转时，生命周期的变化取决于 configChanges 属性，这里未配置 config-Changes 的属性，所以屏幕由竖屏切换为横屏时，会重新执行每个生命周期方法。读者可自行查阅 configChanges 的其他属性值。

　　这种结果用户肯定是不能接受的，因为旋转屏幕操作导致用户需要重复观看广告。这个问题一般如何处理呢？一种方式是通过修改 configChanges 属性使得 App 在旋转的时候不被销毁，但因为有其他业务逻辑限制，所以这里不考虑。另一种常用的方式是通过重写 onSaveInstanceState 方法在 Activity 被销毁的时候将当前计时的节点存储起来，重新开始计时的时候从上次计时的节点开始计时。

　　在使用这种方式处理之前，首先需要修改上一章中 AdvertisingManage 的代码计时器，将计时的起止时间修改为传参的形式，示例代码如下：

```
class AdvertisingManage(millisInFuture: Long = 5000) : LifecycleObserver
{      ...
        //定时器
    private var countDownTimer: CountDownTimer? = object : CountDownTimer
        (millisInFuture, 1000) {
    ...
}
```

这样修改后，每次计时都会将当前的计时记录下来，便于下一次使用。示例代码如下：

```
//计时的时长，默认值5秒
var millisInFuture: Long = 5000
override fun onCreate(savedInstanceState: Bundle?) {
    super.onCreate(savedInstanceState)
    ...
    val advertisingManage = AdvertisingManage(millisInFuture)
    ...
    advertisingManage.advertisingManageListener =
        object : AdvertisingManage.AdvertisingManageListener {
            override fun timing(second: Int) {
                tvAdvertisingTime.text = "广告剩余 $second 秒 "
                millisInFuture = second.toLong() * 1000
            }

            .....
}
```

接着在 Activity 中重写 onSaveInstanceState 方法，记录 Activity 销毁时计时的节点。在第二次创建 AdvertisingManage 实例的时候将还需要计时的时间传给 Advertising-Manage 类。示例代码如下：

```
//计时的时长，默认值5秒
var millisInFuture: Long = 5000
override fun onCreate(savedInstanceState: Bundle?) {
    super.onCreate(savedInstanceState)
    ...
    savedInstanceState?.let {
        millisInFuture = it.getLong(KEY_MILLISINFUTURE)
    }
    val advertisingManage = AdvertisingManage(millisInFuture)
    ...
}
...
override fun onSaveInstanceState(outState: Bundle) {
```

```
        super.onSaveInstanceState(outState)
        outState.putLong(KEY_MILLISINFUTURE, millisInFuture)
    }
companion object {
    //key 计时的开始时间
    const val KEY_MILLISINFUTURE = "keyMillsimfuture"
}
```

修改上述代码之后, 进行与前面相同的操作——广告剩余 2 秒时将手机屏幕旋转。打印日志如图 3-3 所示。

```
8612-8612/com.example.jetpackdemo D/AdvertisingManage: 开始计时
8612-8612/com.example.jetpackdemo D/AdvertisingManage: 广告剩余4秒
8612-8612/com.example.jetpackdemo D/AdvertisingManage: 广告剩余3秒
8612-8612/com.example.jetpackdemo D/AdvertisingManage: 广告剩余2秒
8612-8612/com.example.jetpackdemo D/AdvertisingManage: 停止计时
8612-8612/com.example.jetpackdemo D/AdvertisingManage: 开始计时
8612-8612/com.example.jetpackdemo D/AdvertisingManage: 广告剩余1秒
8612-8612/com.example.jetpackdemo D/AdvertisingManage: 广告剩余0秒
8612-8612/com.example.jetpackdemo D/AdvertisingManage: 广告结束, 准备进入主页面
8612-8612/com.example.jetpackdemo D/AdvertisingManage: 停止计时
```

图 3-3　广告剩余 2 秒时旋转屏幕的日志

通过打印的日志可以看到, 在 2 秒时停止计时, 屏幕旋转后从 1s 开始计时, 符合预期效果。上面是通过 onSaveInstanceState 方法来解决屏幕旋转导致广告重新计时这一问题的。那么是否有更优雅的解决方案呢?

3.2　使用 ViewModel 解决广告引导页屏幕旋转问题

在上一节中提到了 ViewModel 类可在发生屏幕旋转等配置更改后让数据继续留存, 这时, 细心的读者就会思考了, 该如何使用 ViewModel 来解决广告引导页屏幕旋转问题呢?

在使用 ViewModel 之前, 先引入 ViewModel 的依赖项, 代码如下:

```
def lifecycle_version = "2.3.1"
implementation
"androidx.lifecycle:lifecycle-viewmodel-ktx:$lifecycle_version"
```

然后新建一个继承自 ViewModel 的 AdvertisingViewModel 类, 在该类中声明计时起始变量 millisInFuture, 代码如下:

```
class AdvertisingViewModel : ViewModel() {
    /**
     * 计时开始时间，默认 5 秒
     */
    var millisInFuture: Long = 5000
}
```

若开发者想在 ViewModel 类中使用资源文件，则要使用到 Context 上下文了。这里要注意的是，一定不能将 Activity 的上下文传给 ViewModel，否则会存在内存泄漏的风险。这一点本书后面会有详细的讲解。那这里该如何处理呢？只需要将父类 ViewModel 修改为 AndroidViewModel 即可。示例如下：

```
class AdvertisingViewModel(application: Application) :
AndroidViewModel(application) {
    /**
     * 计时开始时间，默认 5 秒
     */
    var millisInFuture: Long = 5000
}
```

拥有 Application 的实例之后就可以访问资源文件了。在 Activity 中初始化 ViewModel，示例如下：

```
private lateinit var advertisingViewModel: AdvertisingViewModel
    override fun onCreate(savedInstanceState: Bundle?) {
        ...
        advertisingViewModel = ViewModelProvider(this).get(AdvertisingViewModel::
            class.java)
        ...
}
```

接下来只需要将原 Activity 中的 millisInFuture 变量统一替换为 AdvertisingView-Model 中的 millisInFuture 即可。示例代码如下：

```
class AdvertisingActivity : AppCompatActivity() {
    ...
    private lateinit var advertisingViewModel: AdvertisingViewModel
    override fun onCreate(savedInstanceState: Bundle?) {
        super.onCreate(savedInstanceState)
        setContentView(R.layout.activity_advertising)
        advertisingViewModel = ViewModelProvider(this).get(AdvertisingViewModel::
            class.java)
        val advertisingManage = AdvertisingManage(advertisingViewModel.millisInFuture)
        lifecycle.addObserver(advertisingManage)
        tvAdvertisingTime = findViewById(R.id.tv_advertising_time)
```

```
advertisingManage.advertisingManageListener =
    object : AdvertisingManage.AdvertisingManageListener {
        override fun timing(second: Int) {
            tvAdvertisingTime.text = "广告剩余 $second 秒"
            advertisingViewModel.millisInFuture = second.toLong() * 1000
        }
    }
    ...
}
}
```

运行程序，当广告剩余 2 秒的时候，旋转屏幕，打印的日志如图 3-4 所示。

```
8612-8612/com.example.jetpackdemo D/AdvertisingManage: 开始计时
8612-8612/com.example.jetpackdemo D/AdvertisingManage: 广告剩余4秒
8612-8612/com.example.jetpackdemo D/AdvertisingManage: 广告剩余3秒
8612-8612/com.example.jetpackdemo D/AdvertisingManage: 广告剩余2秒
8612-8612/com.example.jetpackdemo D/AdvertisingManage: 停止计时
8612-8612/com.example.jetpackdemo D/AdvertisingManage: 开始计时
8612-8612/com.example.jetpackdemo D/AdvertisingManage: 广告剩余1秒
8612-8612/com.example.jetpackdemo D/AdvertisingManage: 广告剩余0秒
8612-8612/com.example.jetpackdemo D/AdvertisingManage: 广告结束，准备进入主页面
8612-8612/com.example.jetpackdemo D/AdvertisingManage: 停止计时
```

图 3-4　广告剩余 2 秒时旋转屏幕的日志

从日志中可以看出，广告剩余 2 秒的时候，由于旋转屏幕停止计时了，因此旋转后会继续从 1 秒钟开始计时，这与使用 onSaveInstanceState 方法实现的效果相同。但是从代码中可以很明显地看出，使用 ViewModel 远比使用 onSaveInstanceState 简洁，这一切都得益于 ViewModel 的生命周期。

3.3　ViewModel 的生命周期

在前面的例子中，提到了不能将 View 传给 ViewModel，否则会引起内存泄漏，这是因为 ViewModel 的生命周期要比 Activity 的长很多，如果 ViewModel 引用 View 则会导致当视图被销毁的时候引用的资源得不到释放，从而导致内存泄漏。在 Activity 屏幕旋转前后，ViewModel 的生命周期状态如图 3-5 所示。

从图 3-5 中可以看出，ViewModel 在 Activity 旋转屏幕被销毁又重新创建的整个

过程中一直存在，这也就是不能在 ViewModel 中引用视图、Activity 上下文等变量
的原因。

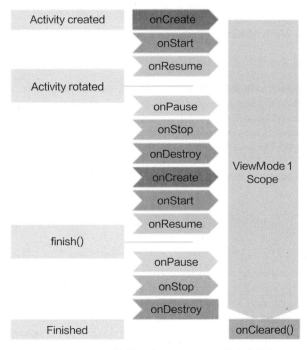

图 3-5　Activity 旋转对应 ViewModel 的生命周期

到这里，可能会有读者有疑问，在 onCreate 中创建了 ViewModel 对象，屏幕
旋转后又重新创建了对象，为什么说 ViewModel 对象是一直存在的呢？这得从创建
ViewModel 对象的方法来看，具体如下：

```
advertisingViewModel = ViewModelProvider(this).get(AdvertisingViewModel::
    class.java)
```

这里要注意的是，Kotlin 为开发者提供了许多扩展插件。在实际项目开发中，可
以借助 KTX 更简单地创建 ViewModel 实例。以在 Activity 中创建 ViewModel 为例，
在 build.gradle 中添加 KTX 扩展，代码如下：

```
dependencies {
    implementation "androidx.fragment:fragment-ktx:1.3.4"
}
```

添加完之后可以通过下列代码获取 ViewModel：

```
val advertisingViewModel by viewModels<AdvertisingViewModel>()
```

这种实现方式简洁许多，也是开发者在项目中常用的方式。这里读者先做了解即可，下面继续看 ViewModelProvider(this).get 方法。ViewModelProvider(this).get 方法的主要源码如下：

```
public <T extends ViewModel> T get(@NonNull Class<T> modelClass) {
    String canonicalName = modelClass.getCanonicalName();
    if (canonicalName == null) {
        throw new IllegalArgumentException("Local and anonymous classes can not
            be ViewModels");
    }
    return get(DEFAULT_KEY + ":" + canonicalName, modelClass);
}
```

在 modelClass 不为 null 的情况下，程序会走到 get 方法中，get 方法的主要代码如下：

```
public <T extends ViewModel> T get(@NonNull String key, @NonNull Class<T> modelClass) {
    ViewModel viewModel = mViewModelStore.get(key);
    if (modelClass.isInstance(viewModel)) {
        if (mFactory instanceof OnRequeryFactory) {
            ((OnRequeryFactory) mFactory).onRequery(viewModel);
        }
        return (T) viewModel;
    } else {
        if (viewModel != null) {
        }
    }
    if (mFactory instanceof KeyedFactory) {
        viewModel = ((KeyedFactory) mFactory).create(key, modelClass);
    } else {
        viewModel = mFactory.create(modelClass);
    }
    mViewModelStore.put(key, viewModel);
    return (T) viewModel;
}
```

从 get 方法中可以明显地看出，创建 ViewModel 的方法采用的是工厂模式，创建好之后将其缓存在 ViewModelStore 中。如果当前需要创建的 ViewModel 对象已经存在，则直接从 ViewModelStore 中取出。所以在屏幕旋转前后使用的 ViewModel 是同一个对象。也就是说在创建 ViewModel 的时候，只要传入的 class 对象是一样的，那么获取到的 ViewModel 就是同一个对象，基于这一点可以很轻松地在同一个宿主 Activity 的不同 Fragment 之间进行数据共享。

3.4　使用 ViewModel 实现数据共享

在实际开发中，经常会遇到两个 Fragment 之间有通信的需求，假设现在有 AFragment 和 BFragment，这两个 Fragment 中都有滑动的标签，我们想要让两个 Fragment 的标签选项实现同步滑动，比如：在 AFragment 中选中了"新闻"标签，切换到 BFragment 时也会自动切换到"新闻"标签。一般情况下实现这个需求的方式有两种：

- ❑ 在某个 Fragment 中选中数据时将选择的标签位置记录下来，当切换 Fragment 时，取出当前记录的位置进行切换。
- ❑ 通过为宿主 Activity 增加实现接口的方式进行通信。

上面是开发者经常使用的两种方式，现在使用 ViewModel 的特性便可以很简单地解决这个问题。

在 ViewModel 中创建一个 currentPosition 变量，用于记录当前选中的位置，并提供设置变量的方法以供外部 Fragment 调用，ViewModel 的主要代码如下：

```kotlin
class ShareDataViewModel : ViewModel() {

    private var currentPosition: Int = 0

    fun getCurrentPosition(): Int {
        return currentPosition
    }

    fun positionChanged(currentPosition: Int) {
        this.currentPosition = currentPosition
    }

}
```

这里可能会有读者疑惑，为什么要将 currentPosition 定义为私有变量，并且单独提供设置和获取 currentPosition 的方法？为什么不直接定义为 public 属性，这样在外部就可以直接调用了。这是因为理论上开发者应将所有类变量的操作都放在类的内部，遵循基本的设计原则，如果将类的属性设为公共属性暴露给外部，则无法保证数据的统一性和完整性。

言归正传，在 AFragment 中，当标签变化的时候设置 currentPosition 的值，在 BFragment 获取值后更新 UI 代码，AFragment 的主要代码如下：

```kotlin
class AFragment : Fragment() {
    lateinit var shareDataViewModel: ShareDataViewModel
    override fun onActivityCreated(savedInstanceState: Bundle?) {
        super.onActivityCreated(savedInstanceState)
        shareDataViewModel = ViewModelProvider(requireActivity()).get
            (ShareDataViewModel::class.java)
        ...
        // 标签选项发生变化
        shareDataViewModel.positionChanged(position)
        ...

    }
}
```

BFragment 的主要代码如下：

```kotlin
class BFragment : Fragment() {
    lateinit var shareDataViewModel: ShareDataViewModel
    override fun onActivityCreated(savedInstanceState: Bundle?) {
        super.onActivityCreated(savedInstanceState)
        shareDataViewModel = ViewModelProvider(requireActivity()).get
            (ShareDataViewModel::class.java)
        ...
        // 获取当前选中的标签位置
        shareDataViewModel.getCurrentPosition()
        updateUI()
        ...

    }
}
```

如此一来，使用 ViewModel 组件就实现了同一宿主 Activity 下不同 Fragment 之间的数据共享功能。

> **注意** 在 Fragment 中通过 ViewModelProvider 获取 ViewModel 对象时，如果参数是 requireActivity()，则获取的是宿主 Activity 对应的 ViewModel 对象。此种获取方式可以用来实现数据共享。如果参数是 this，则获取的是 Fragment 各自对应的 ViewModel 对象，此种方式不能用来实现数据共享功能。

3.5　原理小课堂

在 3.3 节中，已经分析了 ViewModelProvider(this).get 的内部方法，我们从中了解到创建的 ViewModel 对象都会被存在 ViewModelStore 中，如果创建的 ViewModel 对象已存在，则直接取出对象并返回，如果不存在则新建。

ViewModelProvider(this) 中 this 的参数类型是 ViewModelStoreOwner，由于在 androidx.activity.ComponentActivity 中实现了 ViewModelStoreOwner 接口并实现了 getViewModelStore 方法，因此开发者可以直接使用当前 Activity 的上下文 this，主要代码如下：

```java
public class ComponentActivity extends androidx.core.app.ComponentActivity
    implements
        ViewModelStoreOwner{
...
@NonNull
@Override
public ViewModelStore getViewModelStore() {
    if (getApplication() == null) {
        throw new IllegalStateException("Your activity is not yet attached
            to the "
        + "Application instance. You can't request ViewModel before
            onCreate call.");
    }
    ensureViewModelStore();
    return mViewModelStore;
}
...
}
```

接着来看 getViewModelStore 方法，此方法会进入 ensureViewModelStore 方法中，ensureViewModelStore 方法的代码如下：

```java
void ensureViewModelStore() {
if (mViewModelStore == null) {
    NonConfigurationInstances nc =
            (NonConfigurationInstances) getLastNonConfigurationInstance();
    if (nc != null) {
        mViewModelStore = nc.viewModelStore;
    }
    if (mViewModelStore == null) {
        mViewModelStore = new ViewModelStore();
    }
```

```
    }
  }
```

这里通过 (NonConfigurationInstances) getLastNonConfigurationInstance() 方法来获取上一次的配置信息，NonConfigurationInstances 中有 viewModelStore 对象，代码如下：

```
static final class NonConfigurationInstances {
Object custom;
ViewModelStore viewModelStore;
}
```

如果上一次配置信息不为空，就直接使用上一次的 viewModelStore，如果为空则新建 viewModelStore。在 Activity 旋转屏幕被销毁的时候，不仅会调用 onSaveInstance-State 方法，而且会调用 onRetainNonConfigurationInstance 方法，onRetainNonConfiguration-Instance 方法的代码如下：

```
public final Object onRetainNonConfigurationInstance() {
    Object custom = onRetainCustomNonConfigurationInstance();
    ViewModelStore viewModelStore = mViewModelStore;
    if (viewModelStore == null) {
        NonConfigurationInstances nc =
        (NonConfigurationInstances) getLastNonConfigurationInstance();
        if (nc != null) {
            viewModelStore = nc.viewModelStore;
        }
    }
    if (viewModelStore == null && custom == null) {
        return null;
    }
    NonConfigurationInstances nci = new NonConfigurationInstances();
    nci.custom = custom;
    nci.viewModelStore = viewModelStore;
    return nci;
}
```

可以看到，在 onRetainNonConfigurationInstance 方法中对 viewModelStore 进行了存储。当屏幕旋转恢复的时候会通过 getLastNonConfigurationInstance 方法进行恢复。getLastNonConfigurationInstance 方法的代码如下：

```
@Nullable
```

```
public Object getLastNonConfigurationInstance() {
    return mLastNonConfigurationInstances != null
        ? mLastNonConfigurationInstances.activity : null;
}
```

所以在 Activity 旋转屏幕的整个过程中，ViewModelStore 对象保留了下来，通过 ViewModelProvider(this).get 方法获取到的是同一个 ViewModel 实例，从而避免了由于屏幕旋转而导致数据丢失的问题。

前面也提到了 ViewModel 虽然可以防止屏幕旋转引起的数据丢失，但 ViewModel 并不能代替 onSaveInstanceState 方法，主要原因有如下两点：

❑ onSaveInstanceState 方法可以存储少量的序列化数据，ViewModel 可以存储任意数据，只是使用时的限制不同。

❑ onSaveInstanceState 可以达到数据持久化的目的，但是 ViewModel 不可以，使用场景不同。

为什么说 ViewModel 不能达到数据持久化的目的呢？因为当 Activity 被真正销毁的时候，ViewModel 会将资源进行回收，示例代码如下：

```
getLifecycle().addObserver(new LifecycleEventObserver() {
@Override
public void onStateChanged(@NonNull LifecycleOwner source,
        @NonNull Lifecycle.Event event) {
    if (event == Lifecycle.Event.ON_DESTROY) {
        ...
        if (!isChangingConfigurations()) {
            getViewModelStore().clear();
        }
    }
}
});
```

从上面代码可以看出，当对应的 Activity 被真正销毁，即不是屏幕旋转导致页面被销毁时，viewModelStore 将会调用 clear 方法清理数据，所以 ViewModel 并不能达到数据持久化的目的。

可见，ViewModel 并不能替代 onSaveInstanceState 方法，在实际开发中，读者应选择适合自己业务的方法，从而达到最佳体验。

3.6　小结

本章主要介绍了 ViewModel 组件的使用，通过屏幕旋转的例子引出上一章案例代码存在的问题，从而进一步讲解使用 ViewModel 解决相关问题的方法以及 ViewModel 的生命周期，然后通过数据共享的功能进一步展示 ViewModel 的使用方法，最后通过对 ViewModel 实现原理的讲解加深读者对 ViewModel 的理解。到这里，读者已经掌握了两个 Jetpack 组件的使用，以及类似广告引导页的需求该如何优雅地处理。下一章将继续对广告引导页的实现进行改进，快来一起看看吧！

第 4 章 *Chapter 4*

可观察的数据持有者类 LiveData

在上一章中，通过实际例子讲解了如何使用 ViewModel 解决实现广告引导页需求时屏幕旋转所产生的问题。事实上，上一章给出的代码仍然可以继续优化，使其更加简洁。本章将为读者讲解另一个常用的 Jetpack 组件——LiveData，并通过具体实例展开讲解开发中常见的一些问题，相信读者一定会有所收获。

4.1 什么是 LiveData

在前两章中，已经实现了 App 中广告引导页计时的需求，下面在 Advertising-Manage 类中通过 AdvertisingManageListener 接口将计时的结果回调给 UI 层，主要代码如下：

```
// 监听事件
var advertisingManageListener: AdvertisingManageListener? = null
// 定时器
private var countDownTimer: CountDownTimer? = object :
CountDownTimer(millisInFuture, 1000) {
    override fun onTick(millisUntilFinished: Long) {
        Log.d(TAG, "广告剩余 ${(millisUntilFinished / 1000).toInt()}秒")
        advertisingManageListener?.timing((millisUntilFinished / 1000).toInt())
    }

    override fun onFinish() {
```

```
            Log.d(TAG, " 广告结束，准备进入主页面 ")
            advertisingManageListener?.enterMainActivity()
    }
}
```

在此需求中采用的通过接口回调的方式是看不出任何问题的，但是当基于AdvertisingManage 类实现比较复杂的业务时，就需要更多的接口支持，这会使得代码变得臃肿，不易维护。

LiveData 是一种可观察的数据存储器类，它具有生命周期感知能力，可确保LiveData 仅更新处于活跃生命周期的应用组件观察者。接下来讲解如何使用 LiveData完成 App 中广告引导页计时的需求。

4.2 LiveData 的基本使用

在使用 LiveData 之前，先在 build.gradle 中添加相关依赖，代码如下：

```
dependencies {
    ...
    def lifecycle_version = "2.3.1"
    implementation "androidx.lifecycle:lifecycle-livedata-ktx:$lifecycle_version"
    ...
}
```

然后在 AdvertisingViewModel 中声明一个类型为 MutableLiveData<Long> 的计时结果变量，MutableLiveData 是 LiveData 的实现类，代码如下：

```
class AdvertisingViewModel : ViewModel() {

    /**
     * 计时开始时间 默认 5 秒
     */
    var millisInFuture: Long = 5000

    /**
     * 计时结果
     */
    var timingResult = MutableLiveData<Long>()
}
```

开发者需要在 ViewModel 中添加一个给 timingResult 赋值的方法，MutableLiveData数据赋值有两种方式，分别为 postValue 和 setValue。这两种方式的区别在于应用场景有所不同，即当设置数据操作在子线程中时使用前者，在 UI 线程时则使用后者。
这里添加如下代码：

```
class AdvertisingViewModel : ViewModel() {
    ...
    fun setTimingResult(millisInFuture: Long) {
        timingResult.value = millisInFuture
    }
    ...
}
```

因为在计时发生变化时需要将时间赋值给 timeResult 变量，所以这里需要将
ViewModel 对象传给 AdvertisingManage 类。主要代码如下：

```
class AdvertisingManage(advertisingViewModel: AdvertisingViewModel) :
    LifecycleObserver {
    ...
    // 定时器
    private var countDownTimer: CountDownTimer? =
        object : CountDownTimer(advertisingViewModel.millisInFuture, 1000) {
            override fun onTick(millisUntilFinished: Long) {
                Log.d(TAG, " 广告剩余 ${(millisUntilFinished / 1000).toInt()} 秒 ")
                advertisingViewModel.setTimingResult(millisUntilFinished / 1000)
            }

            override fun onFinish() {
                Log.d(TAG, " 广告结束，准备进入主页面 ")
            }
        }
    ...
}
```

最后，在 Activity 中通过 observer 方法订阅 LiveData 对象，这样，当 LiveData
的值改变时，就可以收到更新的通知了。具体代码如下：

```
override fun onCreate(savedInstanceState: Bundle?) {
    super.onCreate(savedInstanceState)
    setContentView(R.layout.activity_advertising)
    advrtisingViewModel = ViewModelProvider(this).get(AdvertisingViewModel::
        class.java)
    val advertisingManage = AdvertisingManage(advertisingViewModel)
    lifecycle.addObserver(advertisingManage)
    advertisingViewModel.timingResult.observe(this, Observer {
        tvAdvertisingTime.text = " 广告剩余 $it 秒 "
        if (it == 0L) {
            Log.d(TAG, " 广告结束，准备进入主页面 ")
```

```
        }
    })
}
```

运行程序，打印结果如图 4-1 所示。

```
18666-18666/com.example.jetpackdemo D/AdvertisingManage: 开始计时
18666-18666/com.example.jetpackdemo D/AdvertisingManage: 广告剩余4秒
18666-18666/com.example.jetpackdemo D/AdvertisingManage: 广告剩余3秒
18666-18666/com.example.jetpackdemo D/AdvertisingManage: 广告剩余2秒
18666-18666/com.example.jetpackdemo D/AdvertisingManage: 广告剩余1秒
18666-18666/com.example.jetpackdemo D/AdvertisingManage: 广告剩余0秒
18666-18666/com.example.jetpackdemo D/AdvertisingManage: 广告结束，准备进入主页面
```

图 4-1　使用 LiveData 接收通知

从图 4-1 中可以看出，使用 LiveData 接收数据和使用回调的方式无异，但代码却简洁很多。在上面的代码中首先定义了一个 MutableLiveData 类型的数据，然后通过调用 setTimingResult 方法进行赋值，但是由于没有把变量定义为私有类型，因此在 ViewModel 的外部也是可以对变量进行赋值的，例如在 Activity 中编写如下代码：

```
advertisingViewModel.timingResult.value = 1000
```

如此一来，就无法保证数据操作的完整性，所以这里要将变量声明为私有类型：

```
private var timingResult = MutableLiveData<Long>()
```

那么问题又来了，声明为私有类型变量后，也没办法在 Activity 中观察数据的变化了，对于这种情况，一般会单独声明非私有类型 LiveData 类型的变量，并给这个变量赋值为 timingResult。示例代码如下：

```
class AdvertisingViewModel : ViewModel() {
    ...
    /**
     * 计时结果
     */
    private var timingResult = MutableLiveData<Long>()

    val _timingResult: LiveData<Long>
        get() = timingResult

    ...
}
```

将 _timingResult 声明为 LiveData 类型并将 timingResult 的值赋值给 _timingResult，同时也要将 Activity 中的代码修改一下，示例如下：

```
advertisingViewModel._timingResult.observe(this, Observer {
    tvAdvertisingTime.text = "广告剩余 $it 秒"
    if (it == 0L) {
        Log.d(TAG, "广告结束，准备进入主页面")
    }
})
```

由于 LiveData 类型的变量值是不可变的，即无法给 LiveData 类型的变量重新赋值，所以在 Activity 中对 _timingResult 进行观察，通过 ViewModel 的 setTimingResult 方法对 timingResult 进行赋值，这样就保证了数据的完整性。

接下来继续看 LiveData 中常用的两个转化 LiveData 的方法：map 与 switchMap。

4.3　map 与 switchMap

1. map

通过 map 转化，可以将某种 LiveData 类型的数据转换为另一种类型。这里通过一个例子来展示。

首先新建一个 Student 类，它主要有姓名、id、分数这三个属性，代码如下：

```
data class Student(var name: String, var id: String, var score: Int)
```

然后在 ViewModel 中新增一个 LiveData<Student>，并添加赋值的方法，代码如下：

```
class StudentViewModel : ViewModel() {
    private var studentLiveData = MutableLiveData<Student>()
    val _student: LiveData<Student>
        get() = studentLiveData
    /**
     * 设置学生信息
     */
    fun setStudentMessage(student: Student) {
        studentLiveData.value = student
    }
}
```

在 Activity 中观察数据的变化，并将结果打印出来，代码如下：

```kotlin
class StudentActivity : AppCompatActivity() {
    private lateinit var studentViewModel: StudentViewModel
    private lateinit var tvMessage: TextView
    override fun onCreate(savedInstanceState: Bundle?) {
        super.onCreate(savedInstanceState)
        setContentView(R.layout.activity_live_data)
        tvMessage = findViewById(R.id.tv_message)
        studentViewModel = ViewModelProvider(this).get(StudentViewModel::
            class.java)
        val student = Student("HuangLinqing", "123", 90)
        studentViewModel.setStudentMessage(student)
                studentViewModel._student.observe(this, Observer {
            tvMessage.text = "score:" + it.score
        })
    }
}
```

运行程序，打印结果如图 4-2 所示。

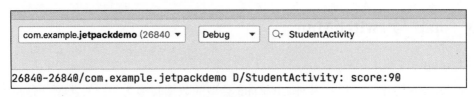

图 4-2 监测数据变化执行结果

但是对于一个 Student 来说，学生的姓名和 id 都是不会变的，变化的只有分数，所以没有必要接收整个 Student 实例，只需要接收分数属性的变化即可，这时 map 函数就派上用场了。

修改 _student 类型为 LiveData<Int>，通过 map 将结果转化为分数属性值，代码如下：

```kotlin
class StudentViewModel : ViewModel() {
    ...
    val _student: LiveData<Int>
        get() = Transformations.map(studentLiveData) {
            it.score
        }
    ...
}
```

这样在 Activity 中观察 _student 的结果就是一个 Int 类型的值，直接通过日志输出即可，代码如下：

```
class StudentActivity : AppCompatActivity() {
    ...
    override fun onCreate(savedInstanceState: Bundle?) {
    ...
    studentViewModel._student.observe(this, Observer {
            Log.d(TAG, "score:" + it)
        })
        ...
    }
}
```

运行程序，结果与图 4-2 一致，这里就不重复展示了。这就是 map 转化的作用，简单地说，就是将一种 LiveData 类型数据转化为另一种可观察的实例。接下来再看LiveData 的另一个转换函数——switchMap。

2. switchMap

switchMap 转化是将从外部如网络层获取的 LiveData 转化为可观察的方式。下面通过一个例子来看一下 switchMap 的用法。假设现在需要通过 id 来查询学生的成绩，那么，可以新建 StudentRespository 类，添加一个 getStudentScore 方法，代码如下：

```
class StudentRespository {
    /**
     * 根据 id 获取分数，模拟网络请求
     */
    fun getStudentScore(id: String): LiveData<Int> {
        val studentMutableLiveData = MutableLiveData<Int>()
        if (id == "1") {
            studentMutableLiveData.value = 90
        } else {
            studentMutableLiveData.value = 60
        }
        return studentMutableLiveData
    }
}
```

这里代码写得比较简单，如果用户输入的 id 是 1 则返回成绩为 90，否则返回成绩为 60，在 StudentViewModel 中调用 StudentRespository 的 getStudentScore 方法，代码如下：

```
class StudentViewModel : ViewModel() {
    ...
    /**
     * 获取分数
```

```
     * @param id 学生 id
     */
    fun getScore(id: String): LiveData<Int> {
        return StudentRespository().getStudentScore(id)
    }
    ...
}
```

在 Activity 中新增一个输入框、文本框和确定按钮，用户点击确定的时候将结果显示在文本框上。具体代码如下：

```
class StudentActivity : AppCompatActivity() {
    private lateinit var studentViewModel: StudentViewModel
    private lateinit var editText: EditText
    private lateinit var button: Button
    private lateinit var textScore: TextView
    override fun onCreate(savedInstanceState: Bundle?) {
        super.onCreate(savedInstanceState)
        setContentView(R.layout.activity_live_data)
        editText = findViewById(R.id.edittext)
        button = findViewById(R.id.btn_confirm)
        textScore = findViewById(R.id.tv_score)
        studentViewModel = ViewModelProvider(this).get(StudentViewModel::class.java)
        button.setOnClickListener {
        studentViewModel.getScore(editText.text.toString().trim()).observe
            (this, Observer {
                textScore.text = "分数: $it"
            })
        }
    }
}
```

运行程序，在输入框中分别输入 1、2 ，点击确定，运行结果如图 4-3、图 4-4 所示。

图 4-3　id 输入 1 点击确定的运行结果

图 4-4　id 输入 2 点击确定的运行结果

从图 4-3 和图 4-4 中可以看出，程序执行结果符合预期，但是有一部分代码总感觉特别奇怪：

```
button.setOnClickListener {
    studentViewModel.getScore(editText.text.toString().trim()).observe(this,
        Observer {
            textScore.text = "分数: $it"
        })
}
```

点击确定按钮的时候，调用了 ViewModel 中的 getScore 方法，在 observe 回调函数中会获得结果并进行展示。一切看起来都没问题，但是 LiveData 的用途是什么？不就是检测到分数结果的变化吗？可是上面的代码相当于每次都观察了一个新的 LiveData，并没有充分发挥 LiveData 的作用，每次调用获取数据的方法都返回了一个新的 LiveData 对象，所以没有办法对分数结果进行观察，这时候 switchMap 函数就派上用场了。

在上面例子中，驱动分数结果变化的就是用户输入的 id，所以要定义一个可观察的 id 变量，代码如下：

```
private var studentIdLiveData = MutableLiveData<String>()
/**
 * 设置学生 id
 * @param studentId 学生 id
 */
fun setStudentId(studentId: String) {
    studentIdLiveData.value = studentId
}
```

接着通过 switchMap 函数将 studentIdLiveData 映射为返回的分数结果类型，代码如下：

```
var newScore: LiveData<Int> =
    Transformations.switchMap(studentIdLiveData, object :
        Function<String, LiveData<Int>> {
        override fun apply(input: String): LiveData<Int> {
            return StudentRespository().getStudentScore(id)
        }
    })
```

switchMap 第一个参数是转化的参数，第二个参数是映射成新类型的方法并返回新的观察类型。这时就可以对 newScore 变量进行观察了，在点击事件中只需要改变输入的 id 值即可。修改后的代码如下：

```
override fun onCreate(savedInstanceState: Bundle?) {
    ...
    studentViewModel.newScore.observe(this, Observer {
        textScore.text = " 分数: $it"
    })
    button.setOnClickListener {
        studentViewModel.setStudentId(editText.text.toString().trim())
    }
    ...
}
```

运行程序并分别输入 1、2，点击确定后得到的运行结果与图 4-3、图 4-4 一致。而 switchMap 函数提供了将外部结果转化为可观察对象的能力，使得代码更为简洁。

4.4 原理小课堂

前面各节已经介绍了 LiveData 组件的基本使用方法，LiveData 的本质是观察者模式，下面来看 observe 方法做了哪些操作，observe 方法的主要代码如下：

```
public void observe(@NonNull LifecycleOwner owner, @NonNull Observer<? super
    T> observer) {
    assertMainThread("observe");
    if (owner.getLifecycle().getCurrentState() == DESTROYED) {
        return;
    }
    LifecycleBoundObserver wrapper = new LifecycleBoundObserver(owner, observer);
    ObserverWrapper existing = mObservers.putIfAbsent(observer, wrapper);
    if (existing != null && !existing.isAttachedTo(owner)) {
        throw new IllegalArgumentException("Cannot add the same observer"
            + " with different lifecycles");
```

```
    }
    if (existing != null) {
        return;
    }
    owner.getLifecycle().addObserver(wrapper);
}
```

从代码中可以看到，observe 方法首先会通过 assertMainThread 方法检查程序当前是否运行在主线程中，如果不是，则抛出一个异常，代码如下：

```
static void assertMainThread(String methodName) {
    if (!ArchTaskExecutor.getInstance().isMainThread()) {
        throw new IllegalStateException("Cannot invoke " + methodName + " on a
            background" + " thread");
    }
}
```

所以使用时需要确保 observe 方法是执行在主线程中的，且 LiveData 和生命周期相关联，如果当前状态是非活跃状态则不会执行。这里提一下，如果想让数据监测变化不受活动状态的影响，可以使用 observeForever 方法，这样 Activity 即使不处于活动状态，也可以接收到改变的数据，但当 Activity 销毁时，一定要主动调用 removeObserver 方法，否则 LiveData 会一直存在，这会导致内存泄漏。

回过头来看，observe 与 LifecycleOwner 关联起来存放在 LifecycleBoundObserver 中，LifecycleBoundObserver 实现了 LifecycleEventObserver 接口，当页面发生改变的时候，程序会走到 onStateChanged 方法中。具体代码如下：

```
...
    @Override
public void onStateChanged(@NonNull LifecycleOwner source,
        @NonNull Lifecycle.Event event) {
    Lifecycle.State currentState = mOwner.getLifecycle().getCurrentState();
    if (currentState == DESTROYED) {
        removeObserver(mObserver);
        return;
    }
    Lifecycle.State prevState = null;
    while (prevState != currentState) {
        prevState = currentState;
        activeStateChanged(shouldBeActive());
        currentState = mOwner.getLifecycle().getCurrentState();
    }
}
...
```

从上述源码可以看出，当页面被销毁时会调用 removeObserver 移除观察，所以使用 LiveData 的 observe 方法不用担心存在内存泄漏的风险。如果之前的周期与当前不同，则会同步一次状态，并调用 activeStateChanged 方法，而 activeStateChanged 方法则会调用 dispatchingValue 方法分发数据。dispatchingValue 方法的代码如下：

```
void dispatchingValue(@Nullable ObserverWrapper initiator) {
    if (mDispatchingValue) {
        mDispatchInvalidated = true;
        return;
    }
    mDispatchingValue = true;
    do {
        mDispatchInvalidated = false;
        if (initiator != null) {
            considerNotify(initiator);
            initiator = null;
        } else {
            for (Iterator<Map.Entry<Observer<? super T>, ObserverWrapper>>
                iterator =
                    mObservers.iteratorWithAdditions(); iterator.hasNext(); ) {
                considerNotify(iterator.next().getValue());
                if (mDispatchInvalidated) {
                    break;
                }
            }
        }
    } while (mDispatchInvalidated);
    mDispatchingValue = false;
}
```

这里通过使用 mDispatchingValue 变量标记来防止分发相同的内容，通过循环方式遍历所有的观察者，通过 considerNotify 方法更新数据。示例代码如下：

```
private void considerNotify(ObserverWrapper observer) {
    if (!observer.mActive) {
        return;
    }
    if (!observer.shouldBeActive()) {
        observer.activeStateChanged(false);
        return;
    }
    if (observer.mLastVersion >= mVersion) {
        return;
    }
    observer.mLastVersion = mVersion;
```

```
        observer.mObserver.onChanged((T) mData);
    }
```

如果观察者已经不属于活动状态，则直接返回，并通过比较数据的版本号判断数据是否需要更新。如果需要更新则会回调到 observer 的 onChanged 方法中，从而实现在 UI 层接收数据的回调。那么这个版本号什么时候会更新呢？来看设置数据的方法，这里以 setValue 方法为例，代码如下：

```
@MainThread
protected void setValue(T value) {
    assertMainThread("setValue");
    mVersion++;
    mData = value;
    dispatchingValue(null);
}
```

可以看到，当调用 setValue 方法时，数据版本号会改变，并且会通过 dispatching-Value 方法进行数据处理，这样就实现了 LiveData 可观察的特性。

4.5　小结

本章首先介绍了 LiveData 的基本使用方法，通过对 App 中广告引导页需求示例继续优化，将 ViewModel、LiveData 组件结合使用，现在广告引导页需求的实现方式已经比较完善了。然后通过 LiveData 的基本转换操作进一步加深读者对 LiveData 使用方式的了解，并且通过探究组件原理让读者领会 LiveData 的设计原理。Lifecycle、ViewModel、LiveData 三个组件的关系比较密切，一般结合使用。从下一章开始，我们将开始探索更多优秀的 Jetpack 组件！

视图绑定组件之 ViewBinding

在前几章中，已经学习了 Lifecycle、ViewModel 和 LiveData 三个组件的使用方法。这三个组件既可以独立使用又可以结合使用，前面已通过对引导页广告需求的不断优化对其进行了讲解。从本章开始将要脱离引导页广告需求，为大家讲解一个简单却又很常用的组件——ViewBinding，并展示在实际项目开发中如何进行封装和优化，快来一起学习吧！

5.1 从 findViewById 说起

相信每个 Android 开发者对 findViewById 方法都是非常熟悉的，通过 findViewById 方法可以获取视图中的控件，进而编写与视图交互的代码。比如，现在编写一个简单的示例：在 EditText 中输入文字，点击确定按钮将文字显示在 TextView 中，布局示例代码如下：

```
<LinearLayout xmlns:android="http://schemas.android.com/apk/res/android"
    xmlns:tools="http://schemas.android.com/tools"
    android:layout_width="match_parent"
    android:layout_height="match_parent"
    android:orientation="vertical"
    tools:context=".ui.MainActivity">
```

```
<EditText
    android:id="@+id/ed_content"
    android:layout_width="match_parent"
    android:layout_height="wrap_content" />

<TextView
    android:id="@+id/tv_content"
    android:layout_width="match_parent"
    android:layout_height="wrap_content" />

<Button
    android:id="@+id/btn_confirm"
    android:layout_width="match_parent"
    android:layout_height="wrap_content"
    android:text=" 确定 " />

</LinearLayout>
```

在 Activity 中绑定布局中的控件一般有三种实现方式，第一种就是使用最原生态的 findViewById 方法来绑定，代码如下：

```
override fun onCreate(savedInstanceState: Bundle?) {
    super.onCreate(savedInstanceState)
    setContentView(R.layout.activity_main)
    val edContent = findViewById<EditText>(R.id.ed_content)
    val tvContent = findViewById<TextView>(R.id.tv_content)
    val btnSumbit = findViewById<Button>(R.id.btn_confirm)
    btnSumbit.setOnClickListener {
        ///... 监听事件
    }
}
```

第二种方式可以使用 ButterKnife 开源框架实现。ButterKnife 是一个专注于 Android 系统的 View 注入框架，具体的使用方式在这里不详细介绍，不了解的读者可自行查阅。使用 ButterKnife 编写上面的代码，内容如下：

```
class MainActivity : AppCompatActivity() {
    @BindView(R.id.edContent)
    var edContent: EditText
    @BindView(R.id.btn_confirm)
    var btnSumbit: Button? = null
    @BindView(R.id.tv_content)
    var tvContent: TextView
    override fun onCreate(savedInstanceState: Bundle?) {
        ...
        btnSumbit.setOnClickListener {
```

```
        ///... 监听事件
    }
  }
}
```

ButterKnife 可以通过 @BindView 注解声明视图组件，并且可结合插件自动生成对应布局文件的所有资源 id。开发者不需要手写 findViewById，这一点还是很方便的。但是 ButterKnife 对组件化的支持却很不友好，在 library 中，必须将 R 修改为 R2 才可以正常使用注解功能。可见，对于组件化项目可以灵活地在 library 和 application 之间切换这一特性来说，ButterKnife 非常不友好，因此，随着组件化技术的普及，ButterKnife 技术逐渐退出了历史舞台。

第三种方式是使用 Kotlin 的扩展插件来获取视图控件。首先在根目录 build.gradle 中添加配置，代码如下：

```
dependencies {
    ...
    classpath "org.jetbrains.kotlin:kotlin-android-extensions:$kotlin_version"
    ...
}
```

然后在项目模块下启动扩展插件，代码如下：

```
apply plugin: 'kotlin-android-extensions'
```

添加完上述配置，就可以直接引用布局文件的 id 来操作视图了，代码如下：

```
override fun onCreate(savedInstanceState: Bundle?) {
    ...
    ed_content.setTextColor()
    tv_content.text = ""
    btn_confirm..setOnClickListener {
        ///... 监听事件
    }
    ...
}
```

刚开始使用 Kotlin 扩展插件时其实还是很愉快的，因为它大大提高了开发效率，不用再写每个控件初始化的代码了。但是 Kotlin 扩展插件是无法支持跨模块操作的，所以使用久了慢慢就会发现，扩展插件的这种实现方式存在一定的弊端。

❑ 使用局限性：无法跨模块操作，如业务模块无法使用基础模块中的公共布局。

❑ 类型不安全：不同的资源文件可以存在相同的控件 id，因此在 View 层存在引用 id 来源出错的问题。

也许 Google 意识到了这个问题，所以在 Kotlin 1.4 版本中废弃了这个扩展插件。所以在最新版本的 Kotlin 中开发者已经不能使用扩展插件的方式来获取视图 id 了。Google 推荐使用 ViewBinding 来替代废弃的扩展插件。那么 ViewBinding 是什么呢？又该如何使用呢？

5.2　ViewBinding 的基本使用

ViewBinding 提供了视图绑定功能，为开发者提供了更简便的方式编写与视图交互的代码。使用 ViewBinding 时，首先要在模块的 build.gradle 中添加如下配置：

```
android {
    ...
    viewBinding {
        enabled = true
    }
    ...
}
```

配置完成后，系统会为该模块中的每个 XML 布局文件生成一个绑定类，这个绑定类的命名就是 XML 文件的名称转换为驼峰式，并在末尾添加"Binding"一词。以 activity_main.xml 布局为例，系统自动生成的绑定类名称为 ActivityMainBinding。绑定类可以直接引用布局内所有具有 id 的视图。

下面来看在 Activity 中该如何使用 ViewBinding，在 MainActivity 中添加如下代码：

```
class MainActivity : AppCompatActivity() {
    lateinit var activityMainBinding: ActivityMainBinding
    override fun onCreate(savedInstanceState: Bundle?) {
        super.onCreate(savedInstanceState)
        activityMainBinding = ActivityMainBinding.inflate(layoutInflater)
        setContentView(activityMainBinding.root)
        activityMainBinding.edContent.setText("")
        activityMainBinding.tvContent.text = ""
        activityMainBinding.btnConfirm.setOnClickListener {
        }
    }
}
```

上述代码首先声明一个 ActivityMainBinding 类型的变量，然后在 onCreate 方法中通过调用 inflate 方法获取生成绑定类的实例，最后通过 setContentView 方法设置根视图。这样就可以通过绑定类实例操作包含 id 的任意控件了。

那么如果是在 Fragment 中使用呢？和在 Activity 中的使用基本类似，新建一个 MainFragment，对应的布局文件名为 fragment_main.xml，在 MainFragment 中有如下代码：

```
class MainFragment : Fragment() {
    private var fragmentMainBinding: FragmentMainBinding? = null
    override fun onCreateView(
        inflater: LayoutInflater, container: ViewGroup?,
        savedInstanceState: Bundle?
    ): View? {
        fragmentMainBinding = FragmentMainBinding.inflate(inflater, container, false)
        return fragmentMainBinding?.root
    }

    override fun onDestroyView() {
        super.onDestroyView()
        fragmentMainBinding = null
    }
}
```

因为这里的使用流程基本和在 Activity 中一致，所以就不再赘述了。不过，其中需要注意的一点是，开发者需要在 onDestroyView() 方法中将绑定类实例赋值为 null。Fragment 的存在时间比其视图时间长，所以开发者需要在 onDestroyView() 方法中清除对绑定类实例的所有引用，否则可能存在内存泄漏的风险。

启用 ViewBinding 功能的配置是对整个模块而言的，即会为整个模块的所有布局文件生成对应的绑定类。如果某个布局文件不需要的话，可以通过 tools:viewBinding-Ignore="true" 属性来设置。具体代码如下：

```
<FrameLayout xmlns:android="http://schemas.android.com/apk/res/android"
    xmlns:tools="http://schemas.android.com/tools"
    android:layout_width="match_parent"
    android:layout_height="match_parent"
    tools:context=".ui.MainFragment"
    tools:viewBindingIgnore="true">
</FrameLayout>
```

这样系统就不会为该 xml 文件自动生成绑定类了。从 ViewBinding 的基本使用中可以看出，相比于 findViewById 方法，ViewBinding 具有如下明显的优点。

❑ 具有 Null 安全：由于视图绑定会对视图直接引用，因此不存在因视图 id 无效而引发空指针异常的风险。

❑ 具有类型安全：每个绑定类中的字段均具有与它们在 xml 文件中引用的视图相匹配的类型，因此不存在强制转换可能导致的异常问题。

ViewBinding 的使用比较简单，通过几行代码就可以实现。在实际项目中，开发者还可以对上面的代码进行封装，使得开发更为便捷，下面来一起看看吧。

5.3　ViewBinding 的封装优化

这里以在 Activity 中的使用方式为例，ViewBinding 组件的使用流程基本是固定的，主要分为三步：

1）调用生成的绑定类中的 inflate() 方法来获取绑定类的实例。

2）通过调用绑定类的 getRoot() 方法获取对根视图。

3）将根视图传递到 setContentView() 中，并与当前 Activity 绑定。

由于 ViewBinding 使用的流程是固定的，因此在基础业务的开发中，经常会定义一个 BaseActivity 处理所有 Activity 的相同业务逻辑，这时，就可以将这部分逻辑封装在 BaseActivity 中，并将其编写为一个 BaseActivity 类。具体代码如下：

```
abstract class BaseActivity<T : ViewBinding> : AppCompatActivity() {
    lateinit var mViewBinding: T
    override fun onCreate(savedInstanceState: Bundle?, persistentState:
        PersistableBundle?) {
        super.onCreate(savedInstanceState, persistentState)
        mViewBinding = getViewBinding()
        setContentView(mViewBinding.root)
    }
    abstract fun getViewBinding(): T
}
```

上述代码在 BaseActivity 中声明了一个泛型 T 且父类为 ViewBinding 类型的变量 mViewBinding。mViewBinding 的初始化变量与具体的 xml 布局有关，所以 BaseActivity 中提供一个名为 getViewBinding 的抽象方法，并将其交给子类去实现，且在 onCreate 中为 Activity 设置了对应的根布局，有了 BaseActivity 之后，让 MainActivity 继承自

BaseActivity 即可，代码实现如下：

```
class MainActivity : BaseActivity<ActivityMainBinding>() {
    override fun onCreate(savedInstanceState: Bundle?) {
        super.onCreate(savedInstanceState)
        mViewBinding.edContent.setText("")
        mViewBinding.tvContent.text = ""
        mViewBinding.btnConfirm.setOnClickListener {
            // 点击事件
        }
    }
    override fun getViewBinding(): ActivityMainBinding {
        return ActivityMainBinding.inflate(layoutInflater)
    }
}
```

MainActivity 继承自 BaseActivity 之后，只需重写 getViewBinding 方法获取绑定类的实例就可以直接在 MainActivity 中通过 mViewBinding 直接引用视图控件。Fragment 中 ViewBinding 的封装方式与 BaseActivity 基本一致，这里就留给读者去自行实现了。

5.4 原理小课堂

ViewBinding 的原理比较简单，因为没有烦琐的业务要处理，在项目模块的 build.gradle 中开启 ViewBinding 功能之后，若进行项目编译，就会扫描 layout 下所有的布局文件，并生成对应的绑定类。这一点是由 gradle 插件实现的。这里仍然以 activity_main.xml 布局为例，生成的 ActivityMainBinding 代码如下：

```
public final class ActivityMainBinding implements ViewBinding {
    @NonNull
    private final LinearLayout rootView;
    @NonNull
    public final Button btnConfirm;
    @NonNull
    public final EditText edContent;
    @NonNull
    public final TextView tvContent;

    private ActivityMainBinding(@NonNull LinearLayout rootView, @NonNull
        Button btnConfirm, @NonNull EditText edContent, @NonNull TextView
        tvContent) {
```

```
        this.rootView = rootView;
        this.btnConfirm = btnConfirm;
        this.edContent = edContent;
        this.tvContent = tvContent;
    }

    @NonNull
    public LinearLayout getRoot() {
        return this.rootView;
    }

    @NonNull
    public static ActivityMainBinding inflate(@NonNull LayoutInflater inflater) {
        return inflate(inflater, (ViewGroup)null, false);
    }

    @NonNull
    public static ActivityMainBinding inflate(@NonNull LayoutInflater inflater,
        @Nullable ViewGroup parent, boolean attachToParent) {
        View root = inflater.inflate(2131427356, parent, false);
        if (attachToParent) {
            parent.addView(root);
        }

        return bind(root);
    }

    @NonNull
    public static ActivityMainBinding bind(@NonNull View rootView) {
        int id = 2131230808;
        Button btnConfirm = (Button)rootView.findViewById(id);
        if (btnConfirm != null) {
            id = 2131230865;
            EditText edContent = (EditText)rootView.findViewById(id);
            if (edContent != null) {
                id = 2131231085;
                TextView tvContent = (TextView)rootView.findViewById(id);
                if (tvContent != null) {
                    return new ActivityMainBinding((LinearLayout)rootView,
                        btnConfirm, edContent, tvContent);
                }
            }
        }

        String missingId = rootView.getResources().getResourceName(id);
        throw new NullPointerException("Missing required view with ID: ".
            concat(missingId));
    }
}
```

从生成的 ActivityMainBinding 文件中可以轻松地看出，在调用了 inflate 之后会调用 bind 方法，而 bind 方法依然是通过 findViewById 绑定的，getRoot 方法返回的即为根布局的 View，在这里则是 LinearLayout。不管采用哪种实现方式，最终都会转化为由 findViewById 函数实现，这一点是毋庸置疑的，ButterKnife 框架也是如此。不过与 ViewBinding 不同的是，ButterKnife 是通过 APT 运行时注解生成的 ViewBinding 类实现的，而 ViewBinding 是通过编译时扫描 layout 文件生成的 ViewBinding 类。当开发者配置 viewBindingIgnore="true" 属性时，gradle 插件会自动过滤掉对应的布局文件。

5.5　小结

本章通过 findViewById 方法引出各种获取视图控件的方式，并通过对每种实现方式的分析与比较，引出了 Google 推荐的 ViewBinding 组件。然后通过介绍 ViewBinding 的基础使用和封装优化让读者掌握 ViewBinding 组件的使用场景，最后针对 ViewBingding 的原理进行了介绍，帮助读者加深印象。整体来说，本章内容较为简单，但是在项目开发中却发挥着重大的作用。下一章将为大家介绍一个和 ViewBinding 非常相似的组件，快来一起看看吧！

第 6 章 Chapter 6

数据绑定组件之 DataBinding

上一章学习了视图绑定组件 ViewBinding，通过 ViewBinding 可以编写更简洁的与视图交互的代码。本章将学习的 DataBinding 组件与 ViewBinding 组件一样，也可以引用视图 id，但 DataBinding 有着更加丰富的功能。DataBinding 也是 MVVM 架构实现的主要组件之一，那么 DataBinding 可以实现怎样的功能呢？快来一起看看吧！

6.1　DataBinding 的基本使用

DataBinding 组件通过使用声明式格式将数据源绑定到布局中。DataBinding 在 Google 推荐的 MVVM 架构中发挥着重要的作用，MVVM 架构的本质是数据驱动页面，而目前 Android 系统提供给开发者的实现这一功能的最佳组件只有 DataBinding 和 Jetpack Compose。Jetpack Compose 在本书出版的时候预计已经正式发布了 release 版本，也就是说使用 DataBinding 组件是目前实现 MVVM 架构的最佳选择。

在开始介绍 DataBinding 的使用方法之前，先在模块的 build.gradle 文件中添加 DataBinding 的支持，具体如下：

```
android {
```

```
...
dataBinding {
    enabled = true
}
...
}
```

接下来看看 DataBinding 的具体使用方法。

6.1.1 基础布局绑定表达式

假设现在要实现将用户输入的用户名和用户 id 等信息显示在布局中的需求。首先新建一个 User 类，此类包含用户名和用户 id 属性，代码如下：

```
data class User(var userName: String?, var userId: String?)
```

然后在 xml 布局中，增加两个输入框、两个文本框和一个确定按钮，代码如下：

```xml
<LinearLayout xmlns:android="http://schemas.android.com/apk/res/android"
    xmlns:tools="http://schemas.android.com/tools"
    android:layout_width="match_parent"
    android:layout_height="match_parent"
    android:orientation="vertical"
    tools:context=".ui.MainActivity">

    <EditText
        android:id="@+id/ed_user_name"
        android:layout_width="match_parent"
        android:layout_height="wrap_content" />

    <EditText
        android:id="@+id/ed_user_id"
        android:layout_width="match_parent"
        android:layout_height="wrap_content" />

    <TextView
        android:id="@+id/tv_user_name"
        android:layout_width="match_parent"
        android:layout_height="wrap_content" />

    <TextView
        android:id="@+id/tv_user_id"
        android:layout_width="match_parent"
        android:layout_height="wrap_content" />

    <Button
```

```
        android:id="@+id/btn_confirm"
        android:layout_width="match_parent"
        android:layout_height="wrap_content"
        android:text=" 确定 " />

</LinearLayout>
```

接着，按照之前的实现方式在点击按钮的时候生成一个 User 对象，并通过 User 对象给文本组件赋值，代码如下：

```
class MainActivity : AppCompatActivity() {
    lateinit var activityMainBinding: ActivityMainBinding
    override fun onCreate(savedInstanceState: Bundle?) {
        super.onCreate(savedInstanceState)
        activityMainBinding = ActivityMainBinding.inflate(layoutInflater)
        setContentView(activityMainBinding.root)
        activityMainBinding.btnConfirm.setOnClickListener {
            val user = getUser()
            activityMainBinding.tvUserName.text = user.userName
            activityMainBinding.tvUserId.text = user.userId
        }
    }

    /**
     * 获取用户对象，模拟从网络获取
     */
    private fun getUser(): User {
        return User(getUserName(), getUserId())
    }

    /**
     * 获取用户名
     */
    private fun getUserName(): String? {
        return activityMainBinding.edUserName.text?.toString()
    }

    /**
     * 获取用户 id
     */
    private fun getUserId(): String? {
        return activityMainBinding?.edUserId?.text?.toString()
    }
}
```

运行程序，在输入框中分别输入小明、001，运行结果如图 6-1 所示。

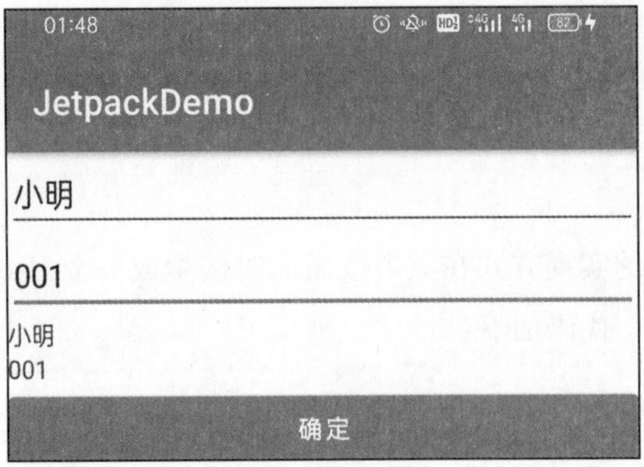

图 6-1　运行结果

　　这种方式是开发者经常采用的，当获取到用户信息的时候会主动给对应的视图组件设置结果。但是如果使用的是 DataBinding 组件，就可以省去主动设置的过程。这里需要修改布局文件，DataBinding 的布局文件必须使用 layout 根标记，并且通过 data 标签设置对应的数据实体类，此处要声明为 User 类，代码如下：

```
<layout>
    <data>
        <variable
            name="user"
            type="com.example.jetpackdemo.bean.User" />
    </data>
    ...
</layout>
```

　　name 属性声明了在布局文件中可以使用的对象名称，type 是对应的实体类，修改了上面代码之后，就可以在 xml 中通过 @{} 表达式为文本组件赋值了。主要代码如下：

```
<TextView
    android:id="@+id/tv_user_name"
    android:layout_width="match_parent"
    android:layout_height="wrap_content"
    android:text="@{user.userName}" />

<TextView
    android:id="@+id/tv_user_id"
    android:layout_width="match_parent"
    android:layout_height="wrap_content"
    android:text="@{user.userId}" />
```

修改完布局代码后，需要在 Activity 中进行数据绑定。同 ViewBinding 一样，启用 DataBinding 之后系统会为每个布局文件生成一个绑定类。默认情况下，它会转换为 Pascal 命名形式，并在末尾添加 Binding 后缀。以上布局文件名为 activity_main.xml，因此生成的对应类为 ActivityMainBinding。

> 说明　Pascal 命名形式又称大驼峰命名形式，即每一个单词的首字母都转为大写字母，如 UserName、UserId 等。

这里仍然同 ViewBinding 组件一样，可以通过 LayoutInflater 获取视图，在点击按钮时将生成的对象绑定到生成的绑定类上，具体代码如下：

```
...
activityMainBinding = ActivityMainBinding.inflate(layoutInflater)
setContentView(activityMainBinding.root)
activityMainBinding.btnConfirm.setOnClickListener {
    val user = getUser()
    activityMainBinding.user = user
}
...
```

设置了 activityMainBinding.user 之后，数据就会自动填充到 xml 布局中，这里要注意的是，上面的代码虽然与 ViewBinding 的代码无异，但是当前的 activityMainBinding 对象是继承自 ViewDataBinding 的，只是 DataBinding 具有和 ViewBinding 一样的引用视图组件的功能。

视图中也可以引入表达式。比如添加表达式，如果 userId 是 "001" 的则隐藏视图，增加的代码如下：

```
<data>
    <import type="android.view.View" />
</data>
    <LinearLayout
    ...>
    <TextView
        android:id="@+id/tv_user_id"
        android:layout_width="match_parent"
        android:layout_height="wrap_content"
        android:text="@{user.userId}"
        android:visibility='@{user.userId.equals("001")? View.GONE :
View.VISIBLE}'
</LinearLayout>
```

运行程序，在输入框中分别输入小明、001，运行结果如图 6-2 所示。

图 6-2　添加布局表达式

DataBinding 不仅可以在 Activity 中使用，还可以在 Fragment、RecycleView 适配器中使用，在 RecycleView 适配器中使用数据绑定的代码如下：

```
val listItemBinding =
DataBindingUtil.inflate(layoutInflater,R.layout.list_item, viewGroup, false)
```

这里就不再具体演示了，感兴趣的读者可自行实践。接下来一起来看 DataBinding 是如何绑定监听事件的。

6.1.2　利用 DataBinding 绑定点击事件

在前面的例子中，保存按钮的点击事件是通过设置 setOnClickListener 方法来处理的，除此之外，还可以在 xml 中声明 onClick 的属性，只要在 Activity 中编写同名的方法即可，具体代码如下：

```
<Button
    android:onClick="confirm"
    android:id="@+id/btn_confirm"
    android:layout_width="match_parent"
    android:layout_height="wrap_content"
    android:text=" 确定 " />
```

在 Activity 中编写与 onClick 属性同名的方法，代码如下：

```
fun confirm(view:View){
    val user = getUser()
    activityMainBinding.user = user
}
```

DataBinding 的实现方式与上面的方法类似，称为方法引用。首先新建一个 Click-Handlers 类，添加 confirm 方法，代码如下：

```
class ClickHandlers {
    var TAG = "ClickHandlers"
    fun confirm(view: View) {
        Log.d(TAG, "触发点击事件了")
    }
}
```

然后，在视图中引入 ClickHandlers 类，并为 Button 添加一个 onClick 的属性，代码如下：

```
<layout>
    <data>
        ...
        <variable
            name="clickHandlers"
            type="com.example.jetpackdemo.ClickHandlers" />
    </data>

    <LinearLayout...>
        <Button
            android:id="@+id/btn_confirm"
            android:layout_width="match_parent"
            android:layout_height="wrap_content"
            android:onClick="@{clickHandlers::confirm}"
            android:text="确定" />
    </LinearLayout>
</layout>
```

最后，在 Activity 中绑定监听器类，代码如下：

```
activityMainBinding.clickHandlers = ClickHandlers()
```

运行程序，点击确定按钮，打印结果如图 6-3 所示。

图 6-3　方法引用运行效果

方法引用的表达式是在编译时处理的，如果 ClickHandlers 中没有对应的方法，则会在编译阶段报错。在 gradle 2.0 及更高版本中提供了监听器绑定的方式，与方法引用不同的是，监听器绑定要在事件发生时才执行表达式。在 ClickHandlers 中增加方法 confirm2，代码如下：

```
fun confirm2(view: View, user: User) {
    Log.d(TAG, "出发点击事件 2")
}
```

视图布局中新增一个按钮来演示监听器绑定的实现，并为按钮绑定 confirm2 监听事件，布局代码如下：

```
<Button
    android:id="@+id/btn_confirm2"
    android:layout_width="match_parent"
    android:layout_height="wrap_content"
    android:onClick="@{(view)->clickHandlers.confirm2(view,user)}"
    android:text="确定 2" />
```

合理地使用监听器表达式可以将部分代码从 Activity 中抽取出来，便于阅读和维护。但实际开发中不建议使用复杂的监听器，容易导致代码非常臃肿，建议根据实际情况取舍。

6.1.3　标签布局使用 DataBinding

在前面的例子中，学习了如何将 User 对象绑定到布局文件中。在实际开发中，为了优化布局经常会使用 include、merge 标签将部分布局抽取出来，这种布局称为标签布局。那么 DataBinding 是如何绑定到标签布局中的呢？很简单，只需要与普通布局使用一样的布局变量即可。将 6.1.1 节实例中的两个 TextView 抽取成 user_data.xml，代码如下：

```
<layout xmlns:android="http://schemas.android.com/apk/res/android">
    <data>
        <variable
            name="user"
            type="com.example.jetpackdemo.bean.User" />
    </data>

    <LinearLayout
        android:orientation="vertical"
        android:layout_width="match_parent"
        android:layout_height="wrap_content">
```

```
<TextView
    android:id="@+id/tv_user_name"
    android:layout_width="match_parent"
    android:layout_height="wrap_content"
    android:text="@{user.userName}" />

<TextView
    android:id="@+id/tv_user_id"
    android:layout_width="match_parent"
    android:layout_height="wrap_content"
    android:text="@{user.userId}" />
</LinearLayout>
</layout>
```

在 activity_main.xml 布局中通过 include 标签引入即可。具体代码如下：

```
<include
    layout="@layout/user_data"
    bind:user="@{user}" />
```

运行程序，在输入框中分别输入小明、001，运行结果与图 6-1 一致，这样就通过 DataBinding 将数据绑定在标签布局上了。

6.2　自定义 BindingAdapter

在上一节中已经展示了 DataBinding 的基本使用，可以通过设置如下代码将数据绑定到 xml 上：

```
android:text="@{user.userId}"
```

这些都是 DataBinding 帮开发者完成的。启用 DataBinding 后，系统会自动生成 UI 组件对应的 BindingAdapter 类，如在 TextViewBindingAdapter 中生成了 setText 的方法，具体代码如下：

```
@BindingAdapter("android:text")
public static void setText(TextView view, CharSequence text) {
    final CharSequence oldText = view.getText();
    if (text == oldText || (text == null && oldText.length() == 0)) {
        return;
    }
    if (text instanceof Spanned) {
        if (text.equals(oldText)) {
            return;
        }
    }
```

```
    } else if (!haveContentsChanged(text, oldText)) {
        return;
    }
    view.setText(text);
}
```

可以看到通过 BindingAdapter 注解生成 android:text 方法实际就是调用了 setText 的方法，所以可以将结果直接绑定到 xml 中。那么对于加载网络图片以及包含特殊业务逻辑的数据又该如何绑定呢？这就需要自定义 BindingAdapter 了。以加载用户网络头像为例，首先在项目中引入图片加载框架 Picasso，在 build.gradle 中添加如下代码：

```
dependencies {
    ...
    implementation 'com.squareup.picasso:picasso:2.71828'
    ...
}
```

然后，为用户对象 User 新增用户头像的属性 userPhoto 和用户性别属性 userGender，代码如下：

```
data class User(
    var userName: String?,
    var userId: String?,
    var userPhoto: String,
    var userGender: Int
)
```

之后新建 ItemBind 类，在类中编写一个 setUserPhoto 方法，代码如下：

```
@JvmStatic
fun setUserPhoto(
    iView: ImageView,
    imageUrl: String
) {
    Picasso.get().load(imageUrl)
        .into(iView)
}
```

接下来为 setUserPhoto 方法添加 BindAdapter 注解，代码如下：

```
@BindingAdapter(value = ["android:imgUrl"])
fun setUserPhoto()..
```

其中，value 对应的是在 xml 中可以引用的属性值，现在在 xml 布局中开发者就可以使用 android:imgUrl 属性为 ImageView 控件指定网络图片资源了。布局代码如下：

```
<ImageView
    android:layout_width="200dp"
    android:layout_height="200dp"
    android:imgUrl="@{user.userPhoto}" />
```

这样就将头像地址绑定到了 ImageView 控件上，下面在 Activity 中为 User 对象设置一个头像地址，代码如下：

```
private fun getUser(): User {
    return User(getUserName(), getUserId(),
"http://121.5.36.227/images/jetpack.png", 1)
}
```

运行程序，点击确定，运行结果如图 6-4 所示。

图 6-4　自定义 BindAdapter 设置网络图片

> **注意**　这里使用了访问网络图片的功能，所以需要在 AndroidManifest.xml 中配置网络权限，除此之外，由于代码示例中访问的是 http 明文网络，而在 Android 9.0 中又限制了明文网络的访问，所以还需要通过 networkSecurityConfig 配置明文访问权限，具体操作读者可自行查阅。

在实际业务开发中，为用户设置头像时，在网络图片加载出来之前一般需要设置占位符，如果占位符图片与用户性别有关，又该如何处理呢？

BindingAdapter 可以为注解指定多个属性值，示例代码如下：

```
@BindingAdapter(
    value = ["android:imgUrl", "android:gender"],
    requireAll = false
)
@JvmStatic
fun setUserPhoto(
    iView: ImageView,
    imageUrl: String,
    gender: Int
) {
    if (gender == MAN){
        Picasso.get().load(imageUrl)
            .placeholder(xxx.png)
            .into(iView)
    }else{
        Picasso.get().load(imageUrl)
            .placeholder(aaa.png)
            .into(iView)
    }

}
```

这里的 requireAll 参数设置为 false 时，意味着在 xml 中设置任何一个属性时都会调用此方法；如果设置为 true，则只有在 xml 设置所有属性时才会调用 setUserPhoto 方法。在 xml 中设置所有属性的代码如下：

```
<ImageView
    android:layout_width="200dp"
    android:layout_height="200dp"
    android:gender="@{user.userGender}"
    android:imgUrl="@{user.userPhoto}" />
```

这样就可以在为用户设置头像时根据用户的性别来处理具体的业务逻辑了。

6.3 双向数据绑定

前面的示例中，用户在输入框中输入信息，点击确定按钮后，会将用户输入的信息赋值给 User 对象，通过绑定对象实现在 TextView 中显示用户输入的信息，这种绑定称为单向绑定。那么如果想在用户输入信息的时候是否有办法不通过点击事件将输入的信息显示在 TextView 上呢？答案是有，在原始的方法中可以给 EditText 设置 addTextChangedListener 方法监听输入框内容的变化，而双向数据绑定为开发者提供了更简便的方式。

首先新建 User1 对象继承自 BaseObservable，代码如下：

```kotlin
class User1 : BaseObservable() {
    @get:Bindable
    var userName: String = ""
        set(value) {
            field = value
            notifyPropertyChanged(BR.userName)
        }

    @get:Bindable
    var userId: String = ""
        set(value) {
            field = value
            notifyPropertyChanged(BR.userId)
        }
}
```

BaseObservable 是一种可观察的数据，继承自 BaseObservable 的数据类负责在属性更改时发出通知。具体操作过程是向 getter 分配 Bindable 注释，然后在 setter 中调用 notifyPropertyChanged() 方法。第 4 章中已经学习了另一种可观察的数据类 LiveData，使用 LiveData 实现的方式交给读者自行去实现。

然后来看 xml 布局对应的代码，具体如下：

```xml
<LinearLayout xmlns:android="http://schemas.android.com/apk/res/android"
    ...>
    <EditText
        android:id="@+id/ed_user_name"
        android:layout_width="match_parent"
        android:layout_height="wrap_content"
        android:text="@={user.userName}" />

    <EditText
        android:id="@+id/ed_user_id"
        android:layout_width="match_parent"
        android:layout_height="wrap_content"
        android:text="@={user.userId}" />

    <TextView
```

```
        android:layout_width="wrap_content"
        android:layout_height="wrap_content"
        android:text="@{user.userName}"
        android:textColor="@color/cardview_dark_background" />

    <TextView
        android:layout_width="wrap_content"
        android:layout_height="wrap_content"
        android:text="@{user.userId}" />
</LinearLayout>
```

@={} 表达式可在接收属性数据更改的同时监听用户更新，最后在 Activity 中绑定 User1 对象，代码如下：

```
override fun onCreate(savedInstanceState: Bundle?) {
    super.onCreate(savedInstanceState)
    activityMainBinding = ActivityMainBinding.inflate(layoutInflater)
    setContentView(activityMainBinding.root)
    var user = User1()
    activityMainBinding.user = user
}
```

运行程序，在输入框中输入文字，TextView 中也会实时显示输入框中的内容。运行结果如图 6-5 所示。

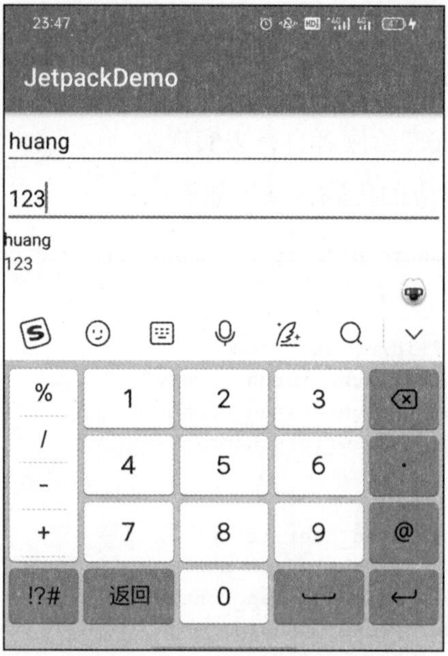

图 6-5　双向数据绑定示例

这样就实现了最简单的双向数据绑定。在实际开发中，可能还会使用自定义特性的双向数据绑定，这里由于篇幅原因就不再赘述了，感兴趣的读者可自行实践。

6.4　DataBinding 与 ViewBinding 的区别

在上一章中学习了视图绑定组件 ViewBinding，细心的读者可能会发现，ViewBinding 可以实现的功能 DataBinding 也可以实现，那么 DataBinding 与 ViewBinding 有什么区别呢？

DataBinding 和 ViewBinding 都可生成可直接引用视图的绑定类，从这一点来说，DataBinding 和 ViewBinding 都可以代替 findViewById。但 ViewBinding 仅有引用视图的功能，因此和 DataBinding 相比，ViewBinding 有以下优势。

❑ 编译速度快：ViewBinding 不需要处理 DataBinding 的注解，编译时间短，编译速度更快。

❑ 使用简洁：ViewBinding 对布局元素没有限制，不需要以 layout 开头，启动视图绑定后就可以在项目中使用。

DataBinding 更像是 ViewBinding 的扩展版本，它提供了更多常用的功能，所以 ViewBinding 不具备布局表达式、双向数据绑定等功能。

在实际项目开发中，如果只是为了替代 findViewById 的功能，使用 ViewBinding 完全足够。如果想使用数据绑定等一些更高级的操作，则需要使用 DataBinding。不过，DataBinding 虽然是 MVVM 模式的核心实现方式，但许多开发者却对其敬而远之，从前面的示例中也可以看出，设置数据的相关逻辑都写在了 xml 中，这会导致调试困难。不过，结合业务需求和团队开发技术，选择适合的方案才是最主要的。

6.5　原理小课堂

在 6.2 节中曾提到，在启用 DataBinding 后，系统会生成 UI 组件对应的 BindingAdapter 类，如 TextViewBindingAdapter 中生成了 setText 的方法，所以开发者可以直接在 xml 中通过 android:text 属性赋值。以 MainActivity 类为例，当启用 DataBinding

时，系统会自动生成 ActivityMainBinding 类和 ActivityMainBindingImpl 类；调用绑定 User 对象的方法时，则会进入 ActivityMainBindingImpl 的 setUser 方法中。具体代码如下：

```
public void setUser(@Nullable com.example.jetpackdemo.bean.User1 User) {
    updateRegistration(0, User);
    this.mUser = User;
    synchronized(this) {
        mDirtyFlags |= 0x1L;
    }
    notifyPropertyChanged(BR.user);
    super.requestRebind();
}
```

BR 类是 DataBinding 在模块中生成的一个类，BR 类包含用于数据绑定的资源的 id，BR 类的代码如下：

```
public class BR {
    public static final int _all = 0;
    public static final int clickHandlers = 1;
    public static final int user = 2;
    public static final int userId = 3;
    public static final int userName = 4;
    ...
}
```

从代码中可以看到，BR 类中有开发者声明的所有资源 id，setUser 方法最终会进入 executeBindings 方法执行绑定。executeBindings 方法的主要代码如下：

```
if ((dirtyFlags & 0xdL) != 0) {
        TextViewBindingAdapter.setText(this.edUserId, userUserId);
        TextViewBindingAdapter.setText(this.mboundView4, userUserId);
}
...
if ((dirtyFlags & 0xbL) != 0) {
    TextViewBindingAdapter.setText(this.edUserName, userUserName);
    TextViewBindingAdapter.setText(this.mboundView3, userUserName);
}
```

executeBindings 方法最终将调用 TextViewBindingAdapter 的 setText 方法进行赋值，进而将绑定的数据结果显示在页面上。

6.6 小结

本章的内容从 DataBinding 基础布局表达式的使用，到标签布局的使用，再到如何自定义 BindAdapter，详细介绍了如何使用 DataBinding 进行基础的数据绑定，此外，还通过简单的实例介绍了双向数据绑定的用法。通过对比 DataBinding 和 ViewBinding 的功能，使读者可以区分两个组件的使用场景，做到融会贯通。通过前面的学习，相信读者已经完全掌握了视图绑定组件和数据绑定组件的使用。下一章，将学习另一个常用的组件，快来一起看看吧！

官方数据库框架之 Room

在日常开发中，数据持久化是不可或缺的功能之一，Android 平台为开发者提供了许多数据持久化的方法，如使用 SharePreference、文件流、SQLite Database 等。其中 SQLite Database 更适合用于业务中的数据持久化，但由于原生的 SQLite 需要开发者编写大量的 SQL 语句和处理逻辑，因此涌现出了许多 ORM 框架。本章将通过实现登录账号列表功能来展示官方数据库框架 Room 的基本使用方法，相信读者读完本章，一定会有所收获！

7.1 Android 数据库 ORM 框架

前面已提到，为了方便开发者在 Android 平台上更加简单地实现数据持久化功能，涌现了许多 ORM 框架，其中比较典型的有 GreenDAO、ORMLite 以及 Litepal 等。这些框架有的由著名的公司维护，有的由知名的开源作者维护。无论是哪个框架，都可以很好地替代原生 SQLite，Jetpack 也为我们提供了 Room 组件。Room 在 SQLite 上提供了一个抽象层，以便在充分利用 SQLite 强大功能的同时，能够流畅地访问数据库。由于 Room 是官方提供的组件，并且融合了 LiveData 等组件，因此我们有必要学习 Room 的使用。接下来我们就通过一步步实现登录账号列表功能来演示如何使用 Room。

7.2 使用 Room 实现登录账号列表功能

7.2.1 账号列表的需求设计和数据库设计

登录账号列表功能是每个 App 必不可少的功能，而且许多软件会有登录多个账号的功能，比如，A 账号退出登录后可切换到 B 账号登录，如果 B 账号之前已经登录过，则可以从账号输入框直接下拉选择，并且这里支持删除功能。如何实现上述功能呢？设计需求如图 7-1 所示。

图 7-1 需求设计图

有了需求图之后，看看数据表应该如何设计。在这个功能中，数据表就是一张单一的表，只需要有账号 id、登录账号、登录密码三个属性即可。当然，根据实际业务需要，我们还可以加入登录次数、登录 IP 等属性，数据表的 ER 图如图 7-2 所示。

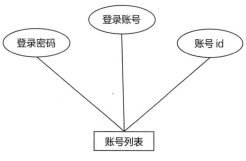

图 7-2 账号列表 ER 图

完成了需求设计和数据库设计，接下来就可以正式开发了。

7.2.2 准备工作

首先需要了解一下 Room 的基本组成，Room 主要包含三个组件，分别为 DataBase、Entity 和 DAO。DataBase 是数据库持有者，Entity 表示数据库中对应的表，DAO 提供了访问数据库的方法。对 App 而言，它要使用 DataBase 获取对应数据库的访问对象 DAO，然后使用 DAO 对 Entity 进行存储操作，Room 的基本架构如图 7-3 所示。

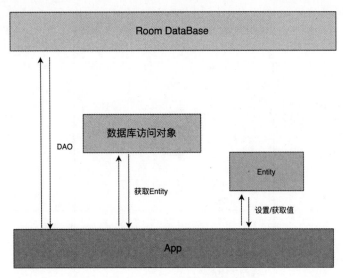

图 7-3　Room 的基本架构图

了解完 Room 的基本架构之后，在使用前还需要配置 Room 组件的依赖项，在 build.gradle 中添加如下代码：

```
dependencies {
    def room_version = "2.3.0"
    implementation("androidx.room:room-runtime:$room_version")
    annotationProcessor "androidx.room:room-compiler:$room_version"
}
```

7.2.3 定义数据实体类

根据图 7-2 我们可知，数据表中有账号 id、登录账号、登录密码三个属性，新建 Account 数据类并用 @Entity 标记，代码如下：

```
@Entity
data class AccountBean(
    var accountId:Int,
    var loginAccount: String,
    var loginPassword: String
)
```

系统会为使用 @Entity 标记的实体类创建对应的数据表，同时至少将一个属性设置为主键，设置某个属性为主键时可以使用 @PrimaryKey 注解，这里设置 accountId 属性自增，代码如下：

```
@Entity
data class AccountBean(
    ...
    @PrimaryKey(autoGenerate = true) var accountId: Int
    ...
}
```

系统默认生成的表名、字段名与类名、类属性名一致，如果开发者想修改默认生成的表名和字段属性名，可以更改 tableName 和 ColumnInfo 的属性值。比如这里将表名修改为 Account，且在字段名前边加下划线，那么修改代码如下：

```
@Entity(tableName = "Account")
data class AccountBean(
    @PrimaryKey(autoGenerate = true) var accountId: Int,
    @ColumnInfo(name = "_loginAccount") var loginAccount: String,
    @ColumnInfo(name = "_loginPassword") var loginPassword: String
)
```

定义好数据实体类之后，看看如何定义数据库访问对象 DAO。

7.2.4 定义数据库访问对象

为了实现对数据库的访问，需要使用数据库访问对象（DAO）。新建 AccountDao 接口并使用 @Dao 注解标记，代码如下：

```
@Dao
interface AccountDao {}
```

将数据访问对象定义好之后，还需要创建一个 RoomDatabase，新建抽象类 AccountDataBase 类继承自 RoomDatabase，代码如下：

```
@Database(entities = [AccountBean::class], version = 1)
```

```
abstract class AccountDataBase : RoomDatabase() {
    abstract val accountDao: AccountDao
}
```

在上述代码中通过 @Database 注解声明对应实体类数组，指定数据库版本号为
1，并声明一个 AccountDao 类型的变量，这样其他类就可以通过数据库轻松地访问
DAO 了。最后，获取创建数据库的实例，代码如下：

```
var accountDb = Room.databaseBuilder(
    this,
    AccountDataBase::class.java, "account.db"
).build()
```

使用 Room 提供的 databaseBuilder 构建数据库实例，第一个参数是上下文，第二
个参数是对应的 DataBase 类，第三个参数是数据库文件的名称。但是这样获取数据
库实例还存在一定的问题。一般应用基本是运行在单进程中的，而实例化 DataBase
的成本比较高，所以这里应该确保实例化遵循单例模式。在 AccountDataBase 中添加
如下代码：

```
...
companion object {
    val accountDb:  AccountDataBaseby lazy(mode = LazyThreadSafetyMode.
        SYNCHRONIZED) {
        Room.databaseBuilder(
            BaseApplication().context,
            AccountDataBase::class.java, "account.db"
        ).build()
    }
}
...
```

在上述工作完成之后，就可以开始实现查询和新增功能了。

7.2.5　账号列表的查询与新增

1. 新增账号

在 AccountDao 接口中添加查询账号的方法，由于后面需要执行查询操作，所以
这里将查询方法一并添加，代码如下：

```
.
/**
 * 查询账号数据
```

```
 * @param accountBean 数据实体
 */
@Insert
fun insertAccount(accountBean: AccountBean)

/**
 * 查询账号列表
 * @return 账号列表
 */
@Query("select * from Account")
fun loadAccountList(): List<AccountBean>?
```

从上述代码中可以看出，新增数据需要使用 @Insert 注解，查询数据则需要使用 @Query 注解并编写查询语句。为了演示操作，这里编写一个页面，页面中有两个输入框、一个保存按钮和一个查询按钮，为了展示查询数据的结果，新增一个 TextView，代码如下：

```xml
<LinearLayout ...>
    <EditText
        android:id="@+id/ed_login_account"
        android:layout_width="match_parent"
        android:layout_height="wrap_content"
        android:hint=" 请输入登录账号 " />

    <EditText
    android:inputType="textPassword"
        android:id="@+id/ed_login_password"
        android:layout_width="match_parent"
        android:layout_height="wrap_content"
        android:hint=" 请输入登录密码 " />

    <Button
        android:id="@+id/btn_save"
        android:layout_width="match_parent"
        android:layout_height="60dp"
        android:text=" 保存 " />

    <Button
        android:id="@+id/btn_query"
        android:layout_width="match_parent"
        android:layout_height="60dp"
        android:text=" 查询 " />
    <TextView
        android:textSize="16sp"
        android:id="@+id/tv_result"
        android:layout_width="match_parent"
        android:layout_height="wrap_content" />
</LinearLayout>
```

在 Activity 中新增保存按钮点击事件，调用 insertAccount 方法，代码如下：

```
activityMainBinding.btnSave.setOnClickListener {
    val accountBean = AccountBean(
        loginAccount = getLoginAccount(),
        loginPassword = getLoginPassword()
    )
    AccountDataBase.accountDb.accountDao.insertAccount(accountBean)
}
```

运行程序，输入账号密码，点击保存按钮后程序崩溃了，崩溃日志如图 7-4 所示。

```
Process: com.example.jetpackdemo, PID: 15562
java.lang.IllegalStateException: Cannot access database on the main thread since it may potentially lock the UI for a long period of time.
    at androidx.room.RoomDatabase.assertNotMainThread(RoomDatabase.java:385)
    at androidx.room.RoomDatabase.beginTransaction(RoomDatabase.java:469)
    at com.example.jetpackdemo.dao.AccountDao_Impl.insertAccount(AccountDao_Impl.java:58)
    at com.example.jetpackdemo.ui.MainActivity$onCreate$1.onClick(MainActivity.kt:23)
    at android.view.View.performClick(View.java:7578)
    at com.google.android.material.button.MaterialButton.performClick(MaterialButton.java:992)
    at android.view.View.performClickInternal(View.java:7525)
    at android.view.View.access$3900(View.java:836)
```

图 7-4   报错日志

通过日志信息可以发现，数据库操作是耗时操作，因此不能在主线程中进行。不过，Room 提供了配置方法使其可以在主线中运行，这里为了便于演示，添加允许在主线程中操作的配置，代码如下：

```
val accountDb: AccountDataBase by lazy(mode = LazyThreadSafetyMode.SYNCHRONIZED)
{
    Room.databaseBuilder(
        BaseApplication.context,
        AccountDataBase::class.java, "account.db"
    ).allowMainThreadQueries().build()
}
```

> 🔍 注意　在实际开发中，为了避免由于耗时操作导致的应用异常，数据库读写等必须放在子线程中执行。

配置完成后，就可以在主线程中操作了，再次运行程序，输入账号"123456789"，输入密码"123456"，点击保存后运行正常，但这还不能证明数据已经插入成功了。

2. 查询账号

接下来将插入的数据查询出来。为查询按钮新增点击事件，调用查询数据的方法，代码如下：

```
activityMainBinding.btnQuery.setOnClickListener {
    val list = AccountDataBase.accountDb.accountDao.loadAccountList()
    list?.let {
        activityMainBinding.tvResult.text = ""
        for (i in it.indices) {
            activityMainBinding.tvResult.append(" 账号: ${it[i].loginAccount}")
            activityMainBinding.tvResult.append(" 密码: ${it[i].loginPassword}\n")
        }
    }
}
```

loadAccountList 方法返回的是一个 List 数组，通过数组遍历将查询结果显示在 TextView 上，运行程序后点击查询按钮，结果如图 7-5 所示。

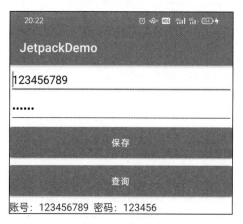

图 7-5　查询数据

从图 7-5 中可以看出，程序已经成功地将数据查询出来并显示在 TextView 上，表明之前的数据已经成功保存，现在再次输入账号"123456789"与密码"123456"，然后点击保存，发现查询出来的数据已经变成两条了，这一结果与实际业务是不符的，因此在点击保存的时候需要先判断账号是否已经存在，如果存在再判断密码是否有变化，如果发生变化则需要更新数据，反之则不需要做任何操作。接下来看如何更新数据。

7.2.6　账号列表的更新与删除

1. 更新账号

在更新数据之前，首先需要查询数据是否存在，在 AccountDao 中添加 find-

AccountByLoginAccount 方法，代码如下：

```
/**
 * 根据登录账号查询账号
 * @param loginAccount 登录账号
 */
@Query("select * from Account where _loginAccount == :loginAccount")
fun findAccountByLoginAccount(loginAccount: String): AccountBean?
```

这里将判断逻辑的代码写在保存按钮的监听事件中。首先移除原有监听事件，并调用根据登录账号查询账号的方法，然后添加打印日志，代码如下：

```
activityMainBinding.btnSave.setOnClickListener {
    val account = AccountDataBase.accountDb.accountDao.findAccountByLoginAccount
        (getLoginAccount())
    account?.let {
        Log.d("账号:${getLoginAccount()}", "账号已经存在了")
    } ?: let {
        Log.d("账号:${getLoginAccount()}", "账号不存在")
    }
}
```

运行程序，先后输入账号"123456789"和账号"12345678"，点击保存后打印日志，如图 7-6 所示。

```
15258-15258/com.example.jetpackdemo D/账号:123456789: 账号已经存在了
15258-15258/com.example.jetpackdemo D/账号:12345678: 账号不存在
```

图 7-6 判断账号是否存在

从日志中可以看出，程序已经准确判断出账号是否存在，这里可以在账号是否存在的逻辑中添加密码是否一致的判断逻辑，如果密码修改了则更新数据，反之则无须操作。首先在 AccountDao 中添加更新数据的方法 updateAccountBean，代码如下：

```
/**
 * 更新账号信息
 * @param accountBean 账号数据
 */
@Update
fun updateAccoutBean(accountBean: AccountBean)
```

然后，修改保存按钮点击事件方法，代码如下：

```
activityMainBinding.btnSave.setOnClickListener {
```

```
val account = AccountDataBase.accountDb.accountDao.findAccountByLoginAccount(g
    etLoginAccount())
account?.let {
    if (it.loginPassword == getLoginPassword()) {
        // 密码相同不用操作
    } else {
        // 密码不同更新数据
        it.loginPassword = getLoginPassword()
        AccountDataBase.accountDb.accountDao.updateAccoutBean(it)
    }
} ?: let {
    // 账号不存在，保存
    val accountBean = AccountBean(
        loginAccount = getLoginAccount(),
        loginPassword = getLoginPassword()
    )
    AccountDataBase.accountDb.accountDao.insertAccount(accountBean)
}
}
```

运行程序，首先输入一个存在的账号"123456789"，输入密码"123"，再输入一个不存在的账号"123456"，输入密码"12345"，数据保存后点击查询，运行结果如图 7-7 所示。

图 7-7 数据库更新

从运行结果中可以看出，原先存储的账号"123456789"的密码已经修改为 123，原来没有的账号"123456"也添加到了数据库中。到这里，账号列表需求已经基本完成，此时还剩下一个删除操作，即用户可以删除之前登录过的账号。接下来一起看如何实现账号删除功能。

2. 删除账号

首先在 AccountDao 中添加删除方法，代码如下：

```
/**
 * 删除账号信息
 * @param accountBean 账号数据
 */
@Delete
fun deleteAccount(accountBean: AccountBean)
```

然后，在布局文件中增加删除按钮，在 Activity 中为删除按钮增加点击事件，代码如下：

```
activityMainBinding.btnDelete.setOnClickListener {
    val list = AccountDataBase.accountDb.accountDao.loadAccountList()
    list?.let {
        for (i in it.indices){
            AccountDataBase.accountDb.accountDao.deleteAccount(it[i])
        }
    }
}
```

删除数据需要传入数据实体，这里先将数据查询出来，通过 for 循环遍历即可删除，在运行程序点击删除按钮后点击查询按钮，可以看到查询的数据为空，说明已成功执行删除操作。此外，如果想删除符合某种条件的数据，可以同查询方法一样使用 @Query 直接编写对应的 SQL 语句，这里就不再演示了，相信到这里读者已经可以实现账号列表的需求了。

7.3 Room 数据库的升级

登录信息中记录了登录账号、登录密码，如果需要增加记录登录 IP 地址的功能，该如何做呢？首先需要修改数据类，新增登录 IP 字段，代码如下：

```
@Entity(tableName = "Account")
data class AccountBean(
    @PrimaryKey(autoGenerate = true) var accountId: Int? = null,
    @ColumnInfo(name = "_loginAccount") var loginAccount: String,
    @ColumnInfo(name = "_loginPassword") var loginPassword: String,
    @ColumnInfo(name = "_loginIpAddress") var loginIpAddress: String
)
```

此时直接运行程序会提示"Room cannot verify the data integrity. Looks like you've changed schema but forgot to update the version number"。这是因为修改数据表字段时必须修改数据库的版本号,这里修改数据库的版本号为 2,代码如下:

```
@Database(entities = arrayOf(AccountBean::class), version = 2)
abstract class AccountDataBase : RoomDatabase() {...}
```

运行程序,点击查询按钮后程序崩溃,主要日志如下:

```
java.lang.IllegalStateException: A migration from 1 to 2 was required but
    not found. Please provide the necessary Migration path via RoomDatabase.
    Builder.addMigration(Migration ...) or allow for destructive migrations
    via one of the RoomDatabase.Builder.fallbackToDestructiveMigration*
    methods.at androidx.room.RoomOpenHelper.onUpgrade(RoomOpenHelper.java:117)
```

解决这个问题的最简单方式就是在构建数据库的时候设置 fallbackToDestructive-Migration,代码如下:

```
val accountDb: AccountDataBase by lazy(mode = LazyThreadSafetyMode.SYNCHRONIZED) {
    Room.databaseBuilder(
        BaseApplication.context,
        AccountDataBase::class.java, "account.db"
    ).allowMainThreadQueries()
        .fallbackToDestructiveMigration()
        .build()
}
```

fallbackToDestructiveMigration 的作用是允许破坏性地重新创建数据库,但是这样做会导致旧数据丢失,显然这种方式在实际业务中是不可取的,所以要慎用。如果不采取这种强制措施,且在数据库升级时须保留旧数据,只能使用 Migration 升级策略。新建一个 Migration,重写 migrate 方法,代码如下:

```
val MIGRATION_1_2 = object : Migration(1, 2) {
    override fun migrate(database: SupportSQLiteDatabase) {
        database.execSQL("ALTER TABLE Account ADD COLUMN _loginIpAddress TEXT
            NOT NULL DEFAULT ''")
    }
}
```

这里是从数据库版本 1 升级到版本 2,新增了 _loginIpAddress 字段后,可通过 DataBase 执行对应的 SQL 语句。这里要注意的是,loginIpAddress 是非空类型,因此这里的 SQL 语句也是非空类型的,并且需要指定默认的值。

最后，在构建数据库时添加升级策略，代码如下：

```
val accountDb: AccountDataBase by lazy(mode = LazyThreadSafetyMode.SYNCHRONIZED)
{
    Room.databaseBuilder(
        BaseApplication.context,
        AccountDataBase::class.java, "account.db"
    ).allowMainThreadQueries()
        .addMigrations(MIGRATION_1_2)
        .build()
}
```

addMigrations 方法传入的是一个数组，如果之后数据库又从版本 2 升级到了版本 3，新增一个 Migration 策略即可，这样既保留了旧数据也实现了数据库的升级功能。

7.4　原理小课堂

AndroidStudio 4.1 及更高版本为开发者提供了 DataBase Inspector 工具，通过 DataBase Inspector 可以直接查看生成的数据库文件，运行程序后从工具栏中选择 View → Tool Windows → DataBase Inspector，就可以看到生成的数据库文件了，如图 7-8 所示。

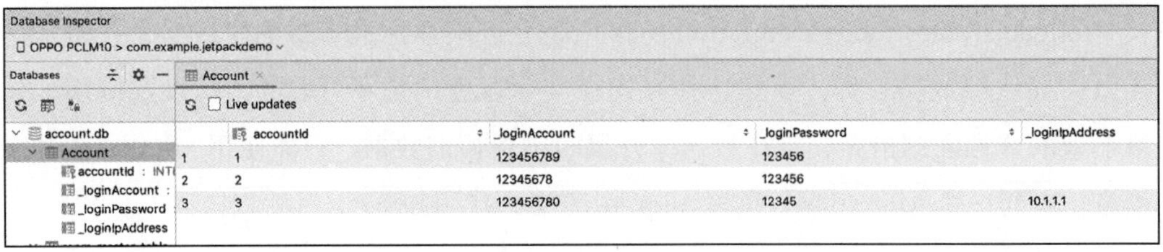

图 7-8　数据库文件

开发者从数据库文件中可以看到存储的数据，并且可以在此处对数据进行操作，App 上显示的数据也会随之变化，那么 Room 是如何实现的呢？从 DataBase 的创建来看，程序通过 Room.databaseBuilder().build 创建了 database 对象，build 方法的主要源码如下：

```
@SuppressLint("RestrictedApi")
@NonNull
```

```
public T build() {
    ...
    DatabaseConfiguration configuration = new DatabaseConfiguration(...);
        T db = Room.getGeneratedImplementation(mDatabaseClass, DB_IMPL_SUFFIX);
        db.init(configuration);
        return db;
    }
    ...
}
```

build 方法最终会走进 getGeneratedImplementation 方法中，getGeneratedImplementation
方法的主要源码如下：

```
static <T, C> T getGeneratedImplementation(Class<C> klass, String suffix) {
        final String fullPackage = klass.getPackage().getName();
        String name = klass.getCanonicalName();
        final String postPackageName = fullPackage.isEmpty()
                ? name
                : name.substring(fullPackage.length() + 1);
    final String implName = postPackageName.replace('.', '_') + suffix;
    try {
            final String fullClassName = fullPackage.isEmpty()
                ? implName
                : fullPackage + "." + implName;
            @SuppressWarnings("unchecked")
            final Class<T> aClass = (Class<T>) Class.forName(
                fullClassName, true, klass.getClassLoader());
            return aClass.newInstance();
    } catch (ClassNotFoundException e) {
            ...
        }
}
```

getGeneratedImplementation 方法通过反射方法为 AccountDataBase 创建了实例，
命名规则为类型 + "_Impl"，这里的类名是 AccountDataBase，所以为系统创建的实
例文件为 AccountDataBase_Impl 类，db.init(configuration) 会调用 createOpenHelper
方法，接着来看 AccountDataBase_Impl 实现类中的 createOpenHelper 方法，代码
如下：

```
public final class AccountDataBase_Impl extends AccountDataBase {
    private volatile AccountDao _accountDao;
    @Override
    protected SupportSQLiteOpenHelper createOpenHelper(DatabaseConfiguration
        configuration) {
```

```
final SupportSQLiteOpenHelper.Callback _openCallback = new RoomOpenHelper
    (configuration, new RoomOpenHelper.Delegate(2) {
    @Override
    public void createAllTables(SupportSQLiteDatabase _db) {
        _db.execSQL("CREATE TABLE IF NOT EXISTS `Account` (`accountId`
            INTEGER PRIMARY KEY AUTOINCREMENT, `_loginAccount`
            TEXT NOT NULL, `_loginPassword` TEXT NOT NULL, `_
            loginIpAddress` TEXT NOT NULL)");
        _db.execSQL("CREATE TABLE IF NOT EXISTS room_master_table (id
            INTEGER PRIMARY KEY,identity_hash TEXT)");
        _db.execSQL("INSERT OR REPLACE INTO room_master_table
            (id,identity_hash) VALUES(42, 'f4afa3985d7bf2a0b3de5596246
            93bc0')");
    }
    ...
}
```

  createOpenHelper 方法通过 SupportSQLiteOpenHelper 类实现了创建数据表、删除数据表等方法，如此就创建了对应的数据表。数据插入等操作采用的是同样的实现方式，这里就不再一一分析了。读者在进行源码分析的时候，一定要学会精简阅读，不要深究某个方法，否则可能会陷入其中，无法理解源码设计思路。

7.5　小结

  数据库操作是实际开发中必备的技能之一，作为 Google 官方推出的 ORM 框架，开发者了解并掌握 Room 的基本使用是很有必要的。本章通过讲解如何实现账号列表需求，介绍了 Room 数据库的增删改查、数据库升级等操作。同时以数据表的创建过程为例演示了 Room 的工作原理。到这里，恭喜读者已经基本掌握了 Room 的使用方法。下一章将探索令人望而却步的依赖注入组件——Hilt！

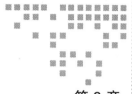

第 8 章 *Chapter 8*

减少手动依赖，探究 Hilt

在上一章中学习了数据库框架 Room，本章将通过介绍依赖注入以及依赖注入框架 Hilt 的使用方法来学习 Google 官方推出的依赖注入框架——Hilt，相信学完之后大家会有所收获!

8.1　什么是依赖注入

做过 Java 开发的读者可能知道，Spring 框架中的控制反转功能就是通过依赖注入（Dependency Injection，DI）的方式实现的。有一个很有趣的现象，当我与 Android 开发者交流依赖注入技术的时候，他们总是会有所回避："依赖注入太难用了，我从来没有使用过"。

真的是这样吗？事实是 99% 的 Android 开发者都在项目中使用过依赖注入却没有意识到，那么什么是依赖注入呢？

简单地说，一个类中使用的依赖类不是类本身创建的，而是通过构造函数或者属性方法实现的，这种实现方式就称为依赖注入。以手机为例，我们知道，手机需要插入 SIM 卡才可以正常拨打电话，也就是说，手机的通话功能依赖于 SIM 卡。这里新建 SimCard 类和 MobilePhone 类，不使用依赖注入的代码实现方式如下:

```
class SimCard {
    private val TAG = "SimCard"
    fun dialNumber() {
        Log.d(TAG, "拨打电话")
    }
}

class MobilePhone {
    fun dialNumber() {
        val simCard = SimCard()
        simCard.dialNumber()
    }
}
```

接下来就可以调用 MobilePhone 类中的拨打电话方法了，代码如下：

```
override fun onCreate(savedInstanceState: Bundle?) {
    ...
    val mobilePhone = MobilePhone()
    mobilePhone.dialNumber()
}
```

通过前面的代码可以知道，当调用 MobilePhone 的 dialNumber 方法时，首先会在 MobilePhone 类的 dialNumber 方法中创建 SimCard 对象，然后会调用 SimCard 对象的 dialNumber 方法。在这种实现方式中，MobilePhone 类虽然依赖于 SimCard 类，但使用时依赖类是 MobilePhone 类自己创建的，所以这种实现方式并没有使用依赖注入。上面的例子如果使用依赖注入又该如何实现呢？

很简单，首先修改 MobilePhone 类的 dialNumber 方法，代码如下：

```
class MobilePhone {
    fun dialNumber(simCard: SimCard) {
        simCard.dialNumber()
    }
}
```

这里为 dialNumber 方法添加了一个 SimCard 类型的参数，使用参数调用 SimCard 类的 dialNumber 方法，Activity 中的代码如下：

```
override fun onCreate(savedInstanceState: Bundle?) {
    ...
    val mobilePhone = MobilePhone()
    val simCard = SimCard()
    mobilePhone.dialNumber(simCard)
}
```

上述代码在 MainActivity 中创建了 SimCard 类的实例，并传给 MobilePhone 类的 dialNumber 方法使用，这种实现方式就是依赖注入。

在普通的实现方式中，MobilePhone 类不仅要负责自身类的功能，还要负责创建 SimCard 类，在 MainActivity 中创建 MobilePhone 类也是一样。使用依赖注入不仅可以提高代码的可扩展性，还可以分离依赖项。上述代码中的依赖注入只是将依赖项的创建时机放到了更上层，在实际开发中，类的依赖关系较为复杂，如果仍使用示例中的依赖注入方式就不太合适了。Hilt 是 Google 官方为开发者提供的可以简化使用的依赖注入框架。但它是在 Dagger 的基础上开发的，所以在了解 Hilt 组件的使用方式之前，不得不先介绍一下 Hilt 与 Dagger 的关系。

8.2 基于 Dagger 看 Hilt

Dagger 是 Square 公司开发的一个依赖注入框架。Dagger 最初版本是采用反射的方式实现的，相信开发者都知道，过多使用反射方法会影响程序的运行效率。由于反射方法在编译阶段是不会产生错误的，因此只有在程序运行时才可以验证反射方法是否正确。考虑到上述问题，Google 基于 Dagger 开发了 Dagger2，Dagger2 是通过注解的方式实现的，如此一来，在编译时就可以发现依赖注入使用的问题。但 Dagger2 的使用比较烦琐，因此可以掌握并熟练使用 Dagger2 的开发者并不多。Hilt 组件是基于 Dagger 开发、专门面向 Android 开发者的依赖注入框架，它只是为依赖注入提供了更简便的实现方式，而不是实现依赖注入的唯一方式。那么 Hilt 又该如何使用呢？

8.3 Hilt 的基本使用

8.3.1 添加依赖

相较于 Jetpack 的其他组件而言，添加 Hilt 依赖项还是稍微有些复杂。首先在根项目的 build.gradle 中添加 Hilt 插件，示例代码如下：

```
buildscript {
```

```
    ...
    dependencies {
        ...
        classpath 'com.google.dagger:hilt-android-gradle-plugin:2.28-alpha'
    }
}
```

然后在 app 模块下的 build.gradle 中添加依赖项，代码如下：

```
plugins {
    id 'kotlin-kapt'
    id 'dagger.hilt.android.plugin'
}
android {
    ...
    compileOptions {
        sourceCompatibility JavaVersion.VERSION_1_8
        targetCompatibility JavaVersion.VERSION_1_8
    }
}
dependencies {
    ...
    implementation "com.google.dagger:hilt-android:2.28-alpha"
    kapt "com.google.dagger:hilt-android-compiler:2.28-alpha"
}
```

Hilt 当前支持的 Android 类及其注解与注意事项如表 8-1 所示。

表 8-1　Hilt 支持的 Android 类及其注解与注意事项

Android 类	注解	注意事项
Application	@HiltAndroidApp	必须定义一个 Application
Activity	@AndroidEntryPoint	仅支持扩展 ComponentActivity 的 Activity
Fragment	@AndroidEntryPoint	仅支持扩展 androidx.Fragment 的 Fragment
View	@AndroidEntryPoint	/
Service	@AndroidEntryPoint	/
BroadcastReceiver	@AndroidEntryPoint	/

　　每个应用程序都包含一个 Application，开发者可以通过自定义 Application 来做一些基本的初始化等操作。在使用 Hilt 时，开发者必须自定义一个 Application，并为其添加 @HiltAndroidApp 注解。这里新建一个 BaseApplication 类，使其继承自 Application，并为其添加 @HiltAndroidApp 注解，代码如下：

```
@HiltAndroidApp
class BaseApplication : Application() {
}
```

将 BaseApplication 注册到配置文件中，代码如下：

```
<manifest xmlns:android="http://schemas.android.com/apk/res/android"
    package="com.example1.hiltdemo">
    <application
        android:name="com.example.BaseApplication"
    ...
```

这些准备工作做好后，下面来看如何使用 Hilt 注入普通的对象。

8.3.2 依赖注入普通对象

新建 UserManager 类，提供获取 Token 的方法，代码如下：

```
class UserManager {
    val TAG = "UserManager"
    fun getUserToken() {
        Log.d(TAG, "获取用户token")
    }
}
```

当 Activity 中需要获取 Token 时，编写如下代码：

```
override fun onCreate(savedInstanceState: Bundle?) {
    ...
    val userManager = UserManager()
    userManager .getUserToken()
    }
```

运行程序，打印日志如图 8-1 所示。

图 8-1　非依赖注入获取 Token 的运行结果

上面的功能虽然可以正常运行，但所存在的问题也是一目了然的。MainActivity 不仅负责 UI 的显示，还创建了 UserManager 类。如果 MainActivity 的依赖类过多，会导致 MainActivity 臃肿且难以维护，这个时候 Hilt 就该上场了。

Hilt 通过为被依赖类的构造函数添加 @Inject 注解，来告知 Hilt 应如何提供该类的实例。修改 UserManager 类，代码如下：

```
class UserManager @Inject constructor() {
    val TAG = "UserManager"
    fun getUserToken() {
        Log.d(TAG, "获取用户 token")
    }
}
```

接着通过依赖注入的方式将 MainActivity 中的 UserManager 对象实例化，代码如下：

```
@AndroidEntryPoint
class MainActivity : AppCompatActivity() {
        @Inject
        lateinit var userManager: UserManager
    override fun onCreate(savedInstanceState: Bundle?) {
        ...
        user.getUserToken()
        }
}
```

上述代码中首先会为 MainActivity 添加 @AndroidEntryPoint 注解，声明一个延迟初始化的 UserManager 变量，并添加 @Inject 注解。程序的运行结果与图 8-1 一致，这样 MainActivity 就通过依赖注入获取了 UserManager 类的实例。这里需要注意的是，由 Hilt 注入的字段（如这里的 UserManager）不能为私有类型，否则会在编译阶段产生错误。

有些业务中要注入的对象可能存在参数，如 8.1 节所示的 MobilePhone 类需要依赖 SimCard 类，这样就不能直接在 MainActivity 中注入 MobilePhone 类了。其实解决这个问题也很简单，MainActivity 依赖 MobilePhone 类，MobilePhone 类又依赖 SimCard 类，如果想让 MobilePhone 类依赖注入，则 SimCard 类也必须实现依赖注入才可以，可修改 SimCard、MobilePhone 类的代码为如下形式：

```
class MobilePhone @Inject constructor(val simCard: SimCard) {
    fun dialNumber() {
        simCard.dialNumber()
    }
}

class SimCard @Inject constructor() {
    private val TAG = "SimCard"
    fun dialNumber() {
        Log.d(TAG, "拨打电话")
```

```
    }
}
```

在 MainActivity 中注入 MobilePhone，并调用 dialNumber 方法，代码如下：

```
@AndroidEntryPoint
class MainActivity : AppCompatActivity() {
    @Inject
    lateinit var mobilePhone: MobilePhone
    override fun onCreate(savedInstanceState: Bundle?) {
        ...
        mobilePhone.dialNumber()
    }
}
```

运行程序，结果如图 8-2 所示。

图 8-2　依赖注入 MobilePhone

如此一来就实现了带参数的依赖注入，但仍有些外部类无法通过构造函数注入，如经常使用的 OkHttp 等第三方开源库，接下来介绍如何依赖注入第三方开源库。

8.3.3　依赖注入第三方组件

下面以 OkHttp 的实现为例，但这里不会讲解 OkHttp 的基础使用，如果有不了解 OkHttp 的读者，可自行通过官网学习。使用 OkHttp 发起网络请求时，会创建 OkHttpClient 实例，编写如下代码：

```
var okHttpClient = OkHttpClient.Builder()
    .connectTimeout(10, TimeUnit.SECONDS)
    .build()
```

但是我们不能直接将这部分代码写在 Activity 中，而是应当使用依赖注入的方式为 MainActivity 注入 OkHttpClient 对象。由于 OkHttpClient 类是第三方库的类，因此会导致开发者无法直接添加注解，这里首先新建一个 NetWorkUtil 类，并添加 @Module 与 @InstallIn 注解，代码如下：

```
@Module
@InstallIn(ActivityComponent::class)
class NetWorkUtil {}
```

在上述代码中，@Module 注解表示这是一个用于提供依赖注入实例的模块。@InstallIn 注解表示要装在到哪个模块中。这里使用 ActivityComponent 表示要装载到 Activity 组件中，所以开发者可以在 Activity、Fragment 以及 View 中使用 NetWorkUtil 模块。如果还想在这三个组件之外使用 NetWorkUtil 模块，则需要装载到其他组件中，Hilt 组件类型与注入场景以及生命周期的对应关系如表 8-2 所示。

表 8-2　Hilt 组件类型与注入场景以及生命周期的对应关系

组件名称	注入场景	生命周期
ApplicationComponent	Application	Application#onCreate() ~ Application#onDestroy()
ActivityRetainedComponent	ViewModel	Activity#onCreate() ~ Activity#onDestroy()
ActivityComponent	Activity	Activity#onCreate() ~ Activity#OnDestroy()
FragmentComponent	Fragment	Fragment#onAttach() ~ Fragment#onDestroy()
ViewComponent	View	View#super() ~ 视图销毁
ViewWithFragmentComponent	@WithFragmentBindings 注解的 View	View#super() ~ 视图销毁
ServiceComponent	Service	Service#onCreate() ~ Service#onDestroy()

如果想在应用全局中使用 NetWorkUtil 模块，则将 InstallIn 注解属性值修改为 ApplicationComponent::class 即可。

然后我们在 NetWorkUtil 类中新增 getOkHttpClient 方法，代码如下：

```
@Provides
fun getOkHttpClient(): OkHttpClient {
    var okHttpClient = OkHttpClient.Builder()
        .connectTimeout(10, TimeUnit.SECONDS)
        .build()
    return okHttpClient
}
```

这里使用 @Provides 注解提供获取方法，方法名 getOkHttpClient 可以任意取，不影响使用，现在如果想在 Activity 中使用 OkHttpClient，可编写如下代码：

```
@AndroidEntryPoint
class MainActivity : AppCompatActivity() {
    @Inject
    lateinit var okHttpClient: OkHttpClient
    override fun onCreate(savedInstanceState: Bundle?) {
```

```
    ...
    okHttpClient.newCall(request).enqueue(object : Callback {
        ...
    })
}
}
```

这样开发者就不需要在 Activity 中创建 OkHttpClient 对象了。不过现在的代码还是存在问题，一般情况下开发者都会将 OkHttpClient 对象设置为单例模式，即全局只有一个 OkHttpClient 对象，解决这个问题需要将 InstallIn 属性值设置为 ApplicationComponent::class，并且为 getOkHttpClient 方法添加 @Singleton 注解，修改后的代码如下：

```
@Module
@InstallIn(ApplicationComponent::class)
class NetWorkUtil {
    @Singleton
    @Provides
    fun getOkHttpClient(): OkHttpClient {
        var okHttpClient = OkHttpClient.Builder()
            .connectTimeout(10, TimeUnit.SECONDS)
            .build()
        return okHttpClient
    }
}
```

这样在任意地方调用 getOkHttpClient 方法都只会创建一个 OkHttpClient 对象。@Singleton 注解是 Application 组件类的作用域，Hilt 只为绑定作用域中的组件实例创建一次作用域绑定，并对该绑定的所有请求共享同一实例。各组件对应作用域的关系如表 8-3 所示。

表 8-3　各组件对应作用域的关系

组件名称	作用域
ApplicationComponent	@Singleton
ActivityRetainedComponent	@ActivityRetainedScoped
ActivityComponent	@ActivityScoped
FragmentComponent	@FragmentScoped
ViewComponent	@ViewScoped
ViewWithFragmentComponent	@ViewScoped
ServiceComponent	@ServiceScoped

这里需要注意的是，绑定的作用域必须与其安装的组件的作用域一致，否则在运行程序时会发生异常。

上述代码创建的 OkHttpClient 对象设置的超时时间是 10 秒钟，在实际业务开发中可能还会配置许多其他属性，如添加拦截器等，这里以修改超时时间是 20 秒钟为例，讲解该如何再提供一个超时时间为 20 秒钟的 OkHttpClient 对象。

同样，先添加一个 getOtherOkHttpClient 方法，并将超时时间设置为 20 秒钟，代码如下：

```
@Provides
fun getOtherOkHttpClient(): OkHttpClient {
    var okHttpClient = OkHttpClient.Builder()
        .connectTimeout(20, TimeUnit.SECONDS)
        .build()
    return okHttpClient
```

运行程序，出现编译错误，错误内容如图 8-3 所示。

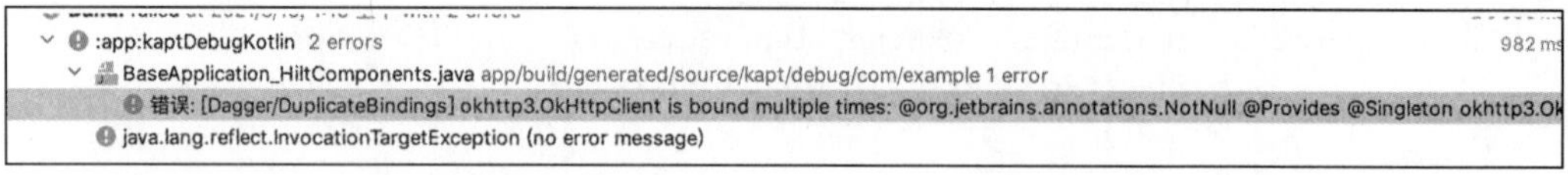

```
∨  :app:kaptDebugKotlin  2 errors                                                      982 ms
   ∨  BaseApplication_HiltComponents.java app/build/generated/source/kapt/debug/com/example 1 error
       错误: [Dagger/DuplicateBindings] okhttp3.OkHttpClient is bound multiple times: @org.jetbrains.annotations.NotNull @Provides @Singleton okhttp3.Ok
       java.lang.reflect.InvocationTargetException (no error message)
```

图 8-3　添加 getOtherOkHttpClient 方法后报错的日志

这个错误开发者也可以理解，这是由于在程序中声明了两个提供 OkHttpClient 实例的方法，在使用的时候 Hilt 并不知道要依赖注入哪个实例，这时就要用到 Qualifier 注解来解决这个问题了。Qualifier 注解的作用就是为相同类型的类注入不同的实例，一起来看看具体该如何实现。

新建 QualifierConfig 文件，代码如下：

```
@Qualifier
@Retention(AnnotationRetention.BINARY)
annotation class OkHttpClientStandard

@Qualifier
@Retention(AnnotationRetention.BINARY)
annotation class OtherOkHttpClient
```

@Retention 用于声明注解的作用范围，这里声明为 AnnotationRetention.BINARY，表示注解在编辑后将会被保留。这里定义了 OkHttpClientStandard 和 OtherOkHttpClient

这两个注解类，完成定义后，将注解类使用在提供 OkHttpClient 实例的方法上即可，代码如下：

```
@Singleton
@OkHttpClientStandard
@Provides
fun getOkHttpClient(): OkHttpClient {
    var okHttpClient = OkHttpClient.Builder()
        .connectTimeout(10, TimeUnit.SECONDS)
        .build()
    return okHttpClient
}

@OtherOkHttpClient
@Provides
fun getOtherOkHttpClient(): OkHttpClient {
    var okHttpClient = OkHttpClient.Builder()
        .connectTimeout(20, TimeUnit.SECONDS)
        .build()
    return okHttpClient
}
```

在 Activity 中使用两个 OkHttpClient 实例的方法如下：

```
@OkHttpClientStandard
@Inject
lateinit var okHttpClient: OkHttpClient

@OkHttpClientStandard
@Inject
lateinit var otherOkHttpClient: OkHttpClient
```

到这里，相信读者对 Hilt 如何依赖注入普通类和第三方类已经了解了。此外，Hilt 还集成了 Jetpack 组件，接下来介绍 Hilt 如何依赖注入架构组件。

8.3.4　依赖注入架构组件

当前 Hilt 仅支持 ViewModel 组件和 WorkManager 组件，这里以 ViewModel 组件为例来看如何使用 Hilt 依赖注入？ ViewModel 的依赖及基础使用方法可参照第 3 章的内容。

首先在 build.gradle 中添加 Hilt 的扩展依赖，代码如下；

```
dependencies {
```

```
...
implementation 'androidx.hilt:hilt-lifecycle-viewmodel:1.0.0-alpha01'
kapt 'androidx.hilt:hilt-compiler:1.0.0-alpha01'
}
```

然后，新建一个 MainViewModel，并为其构造方法添加 @ViewModelInject 注解，代码如下：

```
class MainViewModel @ViewModelInject constructor(
) : ViewModel() {}
```

这样，就可以通过和之前一样的方法来获取 ViewModel 对象了，代码如下：

```
@AndroidEntryPoint
class MainActivity : AppCompatActivity() {
    val mainViewModel by viewModels<MainViewModel>()
    ...
}
```

这里可以通过和使用依赖注入之前一样的方式来获取 ViewModel 的对象，这都是 Hilt 自动为开发者处理好的，当然，也可以使用依赖注入普通类的方式注入 ViewModel 的对象，代码如下：

```
class MainViewModel @Inject constructor(
) : ViewModel() {}
@AndroidEntryPoint
class MainActivity : AppCompatActivity() {
    @Inject
    lateinit var mainViewModel: MainViewModel
    ...
}
```

这样就实现了 Hilt 依赖注入 ViewModel 的功能。但是这种方式改变了 ViewModel 的正常获取方式，所以并不建议使用。

8.4 原理小课堂

本节内容以 8.3.2 节依赖注入 UserManager 对象为例。在为 UserManager 对象声明 @Inject 注解后，系统会为我们生成 UserManager_Factory 类，主要代码如下：

```
public final class UserManager_Factory implements Factory<UserManager> {
    @Override
```

```
    public UserManager get() {
        return newInstance();
    }
    public static UserManager_Factory create() {
        return InstanceHolder.INSTANCE;
    }
    public static UserManager newInstance() {
        return new UserManager();
    }
    private static final class InstanceHolder {
        private static final UserManager_Factory INSTANCE = new UserManager_Factory();
    }
}
```

UserManager_Factory 类继承自 Provider<T> 的子类 Factory<T>，上述代码中为
MainActivity 声明了 @AndroidEntryPoint 注解，系统会自动生成基类 Hilt_MainActivity，
Hilt_MainActivity 的 onCreate 方法的代码如下：

```
@CallSuper
@Override
protected void onCreate(@Nullable Bundle savedInstanceState) {
    inject();
    super.onCreate(savedInstanceState);
}
```

onCreate 方法中调用了 inject 方法，inject 方法的代码如下：

```
protected void inject() {
    ((MainActivity_GeneratedInjector) generatedComponent()).injectMainActivity
        (UnsafeCasts.<MainActivity>unsafeCast(this));
}
```

inject 方法又会调用 injectMainActivity 方法，injectMainActivity 方法是 MainActivity_
GeneratedInjector 的接口方法，最终又会调用 DaggerBaseApplication_HiltComponents_
ApplicationC 的 injectMainActivity2 方法，injectMainActivity2 方法的代码如下：

```
private MainActivity injectMainActivity2(MainActivity instance) {
    MainActivity_MembersInjector.injectMainViewModel(instance, new MainViewModel());
    MainActivity_MembersInjector.injectOkHttpClient(instance, DaggerBaseApplication_
        HiltComponents_ApplicationC.this.getOkHttpClientStandardOkHttpClient());
    MainActivity_MembersInjector.injectOtherOkHttpClient(instance, DaggerBaseApplication_
        HiltComponents_ApplicationC.this.getOkHttpClientStandardOkHttpClient());
    MainActivity_MembersInjector.injectUser(instance, new UserManager());
    MainActivity_MembersInjector.injectMobilePhone(instance, getMobilePhone());
    return instance;
}
```

从上述代码中可以看到，injectMainActivity2 方法中赋值的变量都是我们前面演示的类。injectUser 方法每次都会创建一个 UserManager 对象，这是 Hilt 作用域默认的实现效果，而 OkHttpClient 对象代码中采用的是 @Singleton 注解（即全局单例），injectOkHttpClient 方法赋值的变量是 DaggerBaseApplication_HiltComponents_ ApplicationC.this.getOkHttpClientStandardOkHttpClient()，其代码如下：

```
private OkHttpClient getOkHttpClientStandardOkHttpClient() {
    Object local = okHttpClientStandardOkHttpClient;
    if (local instanceof MemoizedSentinel) {
        synchronized (local) {
            local = okHttpClientStandardOkHttpClient;
            if (local instanceof MemoizedSentinel) {
                local = NetWorkUtil_GetOkHttpClientFactory.getOkHttpClient
                    (netWorkUtil);
                okHttpClientStandardOkHttpClient = DoubleCheck.reentrantCheck(
                    okHttpClientStandardOkHttpClient, local);
            }
        }
    }
    return (OkHttpClient) local;
}
```

可以看出，injectOkHttpClient 方法可以保证如果之前存在 OkHttpClient 实例，则直接设置为之前的实例，这样就可以确保使用 @Singleton 注解的作用域满足全局一个实例对象的功能。

8.5 小结

本章主要讲解了依赖注入框架 Hilt 组件的基本使用，从介绍什么是依赖注入，到 Hilt 在普通类、第三方类以及 Jetpack 组件中的使用方法。相较于 Dagger 而言，Hilt 可减少在 Android 应用中使用 Dagger 所涉及的样板代码。通过本章的学习，相信读者已经对依赖注入有了全面的了解，并且可以使用 Hilt 解决实际项目中的依赖问题。下一章我们将一起探索协程的世界，快来看看吧！

第 9 章 *Chapter 9*

优雅地实现异步任务：
Kotlin 协程与 Flow

相信每位 Android 开发者都知道，Android 的线程模型分为主线程和子线程，主线程通常又称为 UI 线程，一些耗时操作如网络请求、I/O 操作等必须放在子线程中进行，否则可能会导致 ANR 异常。在 Android 系统中，通常使用 HandlerThread、AsyncTask 等方式来实现异步任务，AsyncTask 在 API 30 中已被废弃，建议使用 Kotlin 协程代替。那么什么是协程呢？开发者又该如何使用协程来更优雅地实现异步任务呢？本章将从协程的概念、协程的基本使用以及 Kotlin 数据流的基本使用等角度带领读者走进 Kotlin 协程的世界！

9.1　什么是协程

可能有许多读者第一次听说协程是从接触 Kotlin 语言开始的。Kotlin 协程是在 Kotlin1.3 版本中引入的，但是协程并不是 Kotlin 语言所特有的。本章所提到的协程，读者将其默认为是 Kotlin 协程即可。协程是一种并发设计模式，使用它可以在 Android 平台上简化异步执行的代码。简单地说，协程是 Kotlin 语言中一组特有的线程 API，基于 Kotlin 所具有的语法优势，开发者可以更加轻松地写出异步任务代码。接下来一起来看如何使用协程优雅地实现异步任务。

9.2　使用协程优雅地实现异步任务

下面介绍协程的使用方法，便于读者更轻松地实现异步任务！

9.2.1　协程的基本用法

使用协程之前，首先在 build.gradle 文件中引入协程依赖包，代码如下：

```
dependencies {
    implementation 'org.jetbrains.kotlinx:kotlinx-coroutines-android:1.3.9'
}
```

由于本章需要演示网络请求以及在架构组件中如何使用协程，所以这里一并将其他的依赖包引入，代码如下：

```
dependencies {
    ...
    def lifecycle_version = "2.3.1"
    implementation "androidx.lifecycle:lifecycle-livedata-ktx:$lifecycle_version"
    implementation "androidx.lifecycle:lifecycle-viewmodel-ktx:$lifecycle_version"
    implementation "androidx.lifecycle:lifecycle-viewmodel-savedstate:$lifecycle_
        version"
    implementation "androidx.fragment:fragment-ktx:1.3.4"
    implementation "androidx.lifecycle:lifecycle-livedata-ktx:$lifecycle_version"
    implementation 'com.squareup.picasso:picasso:2.71828'
    implementation "com.squareup.retrofit2:retrofit:2.9.0"
    implementation "com.squareup.retrofit2:converter-gson:2.9.0"
    implementation "com.squareup.okhttp3:logging-interceptor:4.7.2"
    implementation 'org.jetbrains.kotlinx:kotlinx-coroutines-android:1.3.9'
    ...
}
```

我们该如何启动一个协程呢？最简单的方法是通过 GlobalScope.launch 函数创建一个协程，代码如下：

```
GlobalScope.launch {
    Log.d("当前线程: ", Thread.currentThread().name)
}
```

运行程序，打印的日志如图 9-1 所示。

```
⟳  Aa W .*    0 results  ↑ ↓ ⬚ ⫶◫ ⫶◫ ⫶◫ ≣ ▼
021-08-30 23:27:15.832 21705-21742/? D/当前线程: : DefaultDispatcher-worker-1
```

图 9-1　开启协程，打印线程名称

从图 9-1 可以看出，launch 中的代码段是执行在子线程中的，如果需要在开启协程的时候指定线程，可以设置 Dispatchers 参数值。下面以开启协程并使其在 I/O 线程中执行为例进行讲解，代码如下：

```
GlobalScope.launch(Dispatchers.IO) {
    Log.d("当前线程: ", Thread.currentThread().name)
}
```

当协程在处理一个耗时任务时，如果在任务结束之前 Activity 被销毁，那么此时也需要取消协程的任务。如何取消一个协程呢？很简单，launch 方法返回了一个 Job 对象，只需要在开启协程时声明一个 Job，在需要取消协程时调用其 cancel 方法即可，代码如下：

```
var job = GlobalScope.launch(Dispatchers.IO) {
    Log.d("当前线程: ", Thread.currentThread().name)
}
job.cancel()
```

GlobalScope.launch 函数创建的是一个顶层协程，在实际开发中很少使用，除此之外，Kotlin 还为我们提供了 runBlocking、CoroutineScope、async、withContext 等方法来构建协程作用域，接下来一起来了解一下吧。

9.2.2　更多构建协程的方式

runBlocking 在正式环境中很少使用，这里就再不讲解了，感兴趣的读者可自行了解。这里主要介绍如何使用 CoroutineScope、async、withContext 等方法构建协程作用域。

1. CoroutineScope

使用 CoroutineScope 创建协程是实际项目中比较常用的方式，具体代码如下：

```
val job = Job()
CoroutineScope(job).launch {
    // 逻辑处理
}
job.cancel()
```

从上面的代码可以看出，先创建了一个 Job 对象，然后将其作为传参传给 CoroutineScope 函数。CoroutineScope 函数的源码如下：

```
@Suppress("FunctionName")
public fun CoroutineScope(context: CoroutineContext): CoroutineScope =
ContextScope(if (context[Job] != null) context else context + Job())
```

要注意的是，CoroutineScope 是一个函数，它会返回一个 CoroutineScope 对象，有了 CoroutineScope 对象之后就可以调用 launch 方法来创建协程了。那么如何获取协程的执行结果呢？这就需要使用 async 函数了。

2. async

async 函数同样可以构建一个协程作用域并返回 Deferred 对象，但是与 Coroutine-Scope 函数不同的是，async 函数必须在协程作用域中才能调用，代码如下：

```
val job = Job()
CoroutineScope(job).launch {
    val result= async {
        // 模拟耗时操作
        delay(3000)
        " 操作成功 "
    }.await()
    Log.d(TAG, result)
}
```

上述代码会使用 delay 函数让协程延迟 3 秒执行，打印的日志如图 9-2 所示。

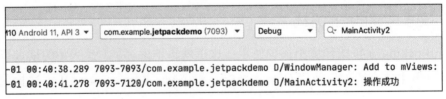

图 9-2　打印 async 返回的结果

接下来尝试在 async 协程作用域中制造一个异常，代码如下：

```
val result= async {
    // 模拟耗时操作
    delay(3000)
    " 运算结果 :" + 3 / 0
}.await()
```

运行程序，程序在 3 秒后发生了崩溃，崩溃的原因相信读者一眼就可以看出来，即 0 不能作为除数。我们该如何捕获协程的异常呢？其实使用 try-catch 即可，但是这里要注意的是，开发中必须将 try-catch 包裹在 async 开启的协程作用域中，在协程作用域外层是无法捕获到协程异常的，这是因为已经超出了协程作用域的范围，异常捕获代码如下：

```
val result= async {
    try {
        // 模拟耗时操作
        delay(3000)
        " 运算结果 :" + 3 / 0
    }catch (e: Exception) {
        " 结果异常 "
    }
}.await()
Log.d(TAG, result)
```

运行上述程序，3秒后会打印出"结果异常"。在实际项目开发中，开发者需要主动捕获协程作用域的异常，否则可能会产生意想不到的问题。

当程序调用await方法时，await方法会阻塞当前协程，直到获取执行结果。这里使用async开启两个协程，分别进行两个耗时操作并打印出程序耗时时间，代码如下：

```
CoroutineScope(job).launch {
    val startTime = System.currentTimeMillis()
    val result = async {
        delay(2000)
        " 操作成功 "
    }.await()

    val result2 = async {
        delay(1000)
        " 获取成功 "
    }.await()
    Log.d(TAG, " 执行结果 :$result-$result2")
    val endTime = System.currentTimeMillis()
    Log.d(TAG, " 执行时间 :" + (endTime - startTime))
}
```

运行程序，打印的结果如图 9-3 所示。

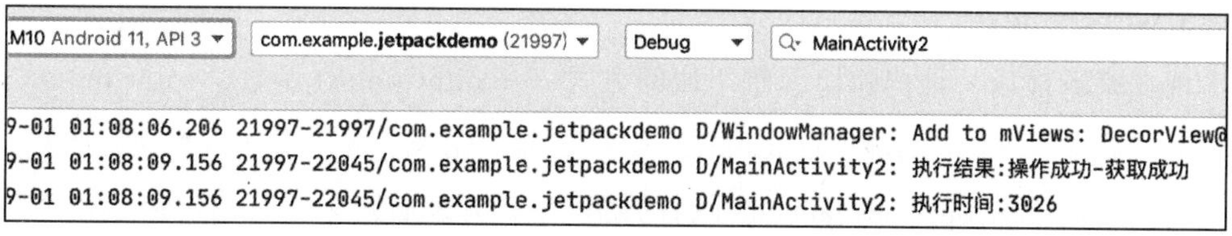

```
M10 Android 11, API 3 ▼  com.example.jetpackdemo (21997) ▼   Debug ▼   Q⋅ MainActivity2
9-01 01:08:06.206 21997-21997/com.example.jetpackdemo D/WindowManager: Add to mViews: DecorView@
9-01 01:08:09.156 21997-22045/com.example.jetpackdemo D/MainActivity2: 执行结果:操作成功-获取成功
9-01 01:08:09.156 21997-22045/com.example.jetpackdemo D/MainActivity2: 执行时间:3026
```

图 9-3　await 阻塞线程的打印结果

从图 9-3 中可以看出，程序执行完毕花了 3026 毫秒，这是因为 result 调用 await 方法之后，会阻塞当前协程，2 秒后 result 执行结束，开始执行 result2，针对此种情况，开发者可以只在用到执行结果的时候调用 await 方法，这样就可以让 result 和 result2 同时执行，修改后的代码如下：

```
CoroutineScope(job).launch {
    val startTime = System.currentTimeMillis()
    val result = async {
        delay(2000)
        "操作成功"
    }
    val result2 = async {
        delay(1000)
        "获取成功"
    }
    Log.d(TAG, "执行结果:${result.await()}-${result2.await()}")
    val endTime = System.currentTimeMillis()
    Log.d(TAG, "执行时间:" + (endTime - startTime))
}
```

运行程序，打印的结果如图 9-4 所示。

图 9-4　await 并行运行的结果

从图 9-4 中可以看出，执行时间节省了 1 秒左右，因为程序同时调用了 result 和 result2 的 await 方法，这样 result 和 result2 相当于并行的关系，在实际项目中常有需要合并不同接口执行结果的需求，这时就可以采用这种方式来提高运行效率。

3. withContext

现在来看最后一种构建协程作用域的方式——withContext 函数，withContext 函数是一个挂起函数，在了解 withContext 函数之前，先来了解一下什么是挂起函数。

在 CoroutineScope(job).launch 开启的协程中，开发者可以做许多网络请求、I/O 读写等耗时的操作，为了便于代码阅读和扩展，通常会将部分代码抽取到单独的方法中，示例代码如下：

```
CoroutineScope(job).launch {
    loadData()
}
private fun loadData() {
    delay(2000)
    Log.d(TAG, "---loadData---")
}
```

在上面代码的 loadData 方法中，delay 函数会给出报错提示 "Suspend function 'delay' should be called only from a coroutine or another suspend function"，这是因为 delay 是一个挂起函数，而挂起函数必须放在协程作用域或者另一个挂起函数中执行。因此这里需要为 loadData 加上 suspend 关键字，代码如下：

```
private suspend fun loadData() {
    delay(2000)
    Log.d(TAG, "---loadData---")
}
```

由于挂起函数必须在另一个挂起函数或者协程作用域中执行，所以挂起函数最终肯定是在协程中执行的。那么 suspend 关键字有什么作用呢？在团队协作开发中，我们可能会给其他开发者提供一些公用的方法，如果提供的方法是一个耗时操作，那么可以加上 suspend 关键字，以此来提醒其他开发成员这个方法需要在协程中执行。所以 suspend 关键字在 Kotlin 协程中仅仅起到提醒作用。

了解了挂起函数之后，接着来看如何使用 withContext 函数构建一个协程作用域。这里仍然使用前面的例子，将其修改为 withContext 函数的写法，代码如下：

```
CoroutineScope(job).launch {
    val result = withContext(Dispatchers.IO) {
        delay(2000)
        "操作成功"
    }
    Log.d(TAG, result)
}
```

withContext 函数是一个挂起函数，同样需要在协程或另一个挂起函数中调用，withContext 函数会将最后一行执行结果作为函数返回值。运行程序，程序在 2 秒之后打印 "操作成功"，这里就不再展示运行结果了。

与 async 函数不同的是，withContext 函数会强制要求传入一个线程参数，参数值类型有 Dispatchers.Default、Dispatchers.IO、Dispatchers.Main 这三种，Dispatchers. Default 常用于计算密集型任务，Dispatchers.IO 常用于网络请求、文件读写等操作，Dispatchers.Main 则表示程序在主线程中执行，所以当开启协程的时候，协程作用域中的代码不一定是执行在子线程的，这取决于这个线程参数的值。

在学习协程之前，如果开发者需要在 UI 上实现显示网络请求结果的功能，那么要在开启 Thread 之后将结果回调，并使用 runOnUiThread 方法切换主线程。因为在绝大多数情况下，开发者不能在子线程中操作 UI，写出的代码模板可能为如下形式：

```
private fun loadDataFromNetWork() {
    Thread {
        // 网络请求、结果回调
        runOnUiThread {
            // 切换为 UI 线程
        }
    }
}
```

在切换为 UI 线程之后，如果需要再次发起网络请求，整个代码就会嵌套得很深。但是有了协程之后，开发者可以这样处理：

```
private fun loadDataFromNetWork() {
    CoroutineScope(job).launch(Dispatchers.Main) {
        val result = withContext(Dispatchers.IO) {
            delay(2000)
            " 操作成功 "
        }
        showUI(result)
    }
}
```

这里使用 CoroutineScope 开启了一个 Main 协程，通过 withContext 函数开启了一个 I/O 协程，当 withContext 协程作用域代码执行结束时，会继续回到 Main 协程执行 UI 的代码逻辑，为了简化代码，可以将 result 的获取方法抽取出来，示例如下：

```
private fun loadDataFromNetWork() {
    CoroutineScope(job).launch(Dispatchers.Main) {
        val result = getResult()
        showUI(result)
        val result1 = getResult1()
        showUI(result1)
    }
}
```

```
...
private suspend fun getResult() =
    withContext(Dispatchers.IO) {
        delay(2000)
        "操作成功"
    }
```

从上述代码中可以看出，即使程序需要多次切换线程，也不需要像使用线程一样层层嵌套，这样就实现了使用协程更优雅地实现异步任务。

9.2.3　在 Retrofit 和架构组件中使用协程

Retrofit 是当前开发者使用最多的网络请求库，这里简单介绍一下如何使用 Retrofit 实现网络请求，以查询 GitHub 所有用户信息为例，接口地址为 https://api. github.com/users。首先要定义一个 ApiService，代码如下：

```
interface ApiService {
    @GET("users")
    fun queryData(): Call<List<UserBean>>
}
```

其中，UserBean 是根据接口返回的数据格式定义的实体类。在 MainActivity 中构建 Retrofit 实例，代码如下：

```
val retrofit = Retrofit.Builder()
    .baseUrl("https://api.github.com/")
    .addConverterFactory(GsonConverterFactory.create())
    .build()
val apiService = retrofit.create(ApiService::class.java)
```

构建好 Retrofit 实例后，发起网络请求，并将结果显示在 TextView 中，代码如下：

```
apiService.queryData()
    .enqueue(object : Callback<List<UserBean>> {
        override fun onFailure(call: Call<List<UserBean>>, t: Throwable) {
        }

        override fun onResponse(
            call: Call<List<UserBean>>,
            response: Response<List<UserBean>>
        ) {
            tvText.text = Gson().toJson(response.body())
        }
    })
```

运行程序，结果如图 9-5 所示。

JetpackDemo

[{"id":1,"login":"mojombo","type":"User","url":"https://api
.github.com/users/mojombo"},{"id":2,"login":"defunkt"
,"type":"User","url":"https://api.github.com/users/defunkt"}
,{"id":3,"login":"pjhyett","type":"User","url":"https://api.github
.com/users/pjhyett"},{"id":4,"login":"wycats","type":"User"
,"url":"https://api.github.com/users/wycats"},{"id":5,"login":
"ezmobius","type":"User","url":"https://api.github.com/users
/ezmobius"},{"id":6,"login":"ivey","type":"User","url":"https://
api.github.com/users/ivey"},{"id":7,"login":"evanphx","type":
"User","url":"https://api.github.com/users/evanphx"},{"id":
17,"login":"vanpelt","type":"User","url":"https://api.github
.com/users/vanpelt"},{"id":18,"login":"wayneeseguin","type":
"User","url":"https://api.github.com/users/wayneeseguin"}
,{"id":19,"login":"brynary","type":"User","url":"https://api
.github.com/users/brynary"},{"id":20,"login":"kevinclark"
,"type":"User","url":"https://api.github.com/users
/kevinclark"},{"id":21,"login":"technoweenie","type":"User"
,"url":"https://api.github.com/users/technoweenie"},{"id":22
,"login":"macournoyer","type":"User","url":"https://api.github
.com/users/macournoyer"},{"id":23,"login":"takeo","type":
"User","url":"https://api.github.com/users/takeo"},{"id":25
,"login":"caged","type":"User","url":"https://api.github.com
/users/caged"},{"id":26,"login":"topfunky","type":"User","url":
"https://api.github.com/users/topfunky"},{"id":27,"login":
"anotherjesse","type":"User","url":"https://api.github.com
/users/anotherjesse"},{"id":28,"login":"roland","type":"User"
,"url":"https://api.github.com/users/roland"},{"id":29,"login":
"lukas","type":"User","url":"https://api.github.com/users
/lukas"},{"id":30,"login":"fanvsfan","type":"User","url":"https:
//api.github.com/users/fanvsfan"},{"id":31,"login":"tomtt"
,"type":"User","url":"https://api.github.com/users/tomtt"}
,{"id":32,"login":"railsjitsu","type":"User","url":"https://api
.github.com/users/railsjitsu"},{"id":34,"login":"nitay","type":
"User","url":"https://api.github.com/users/nitay"},{"id":35
,"login":"kevwil","type":"User","url":"https://api.github.com
/users/kevwil"},{"id":36,"login":"KirinDave","type":"User","url":
"https://api.github.com/users/KirinDave"},{"id":37,"login":
"jamesgolick","type":"User","url":"https://api.github.com
/users/jamesgolick"},{"id":38,"login":"atmos","type":"User"
,"url":"https://api.github.com/users/atmos"},{"id":44,"login":
"errfree","type":"Organization","url":"https://api.github.com
/users/errfree"},{"id":45,"login":"mojodna","type":"User","url":
"https://api.github.com/users/mojodna"},{"id":46,"login":
"bmizerany",""type":""User","url":"https://api.github.com

图 9-5　请求接口执行结果

图 9-5 是传统的使用 Retrofit 方式来实现一个网络请求，下面来看借助协程该如何实现一个网络请求。

Retrofit 库从 2.6.0 版本开始引入了对协程的支持，首先在声明 ApiService 的方法时，添加一个 suspend 声明，并将接口返回类型直接声明为返回结果，代码如下：

```
@GET("users")
suspend fun queryData1(): List<UserBean>
```

然后开启一个协程发起网络请求，并将结果显示在 UI 上，代码如下：

```
val job = Job()
CoroutineScope(job).launch(Dispatchers.Main) {
    val result = apiService.queryData1()
    tvText.text = Gson().toJson(result)
}
```

运行程序，结果与图 9-5 一致，这里读者可能会有疑问，程序中开启了一个 Dispatchers.Main 的协程，它是运行在主线程中的，为什么网络请求可以正常执行呢？这是因为 Retrofit 自动为开发者做了这样一个处理：当接口声明为 suspend 类型时，Retrofit 会自动切换到子线程中执行。因此这里也没有必要指定 apiService. queryData1() 代码运行子线程中。如果 Retrofit 没有自动处理，我们只需要在执行网络请求时开启一个 Dispatchers.IO 协程即可，代码如下：

```
val job = Job()
CoroutineScope(job).launch(Dispatchers.Main) {
    val result = withContext(Dispatchers.IO) {
        apiService.queryData1()
    }
    tvText.text = Gson().toJson(result)
}
```

从上述代码中可以看出，使用 Retrofit 配合协程可以更优雅地完成网络请求操作，在 9.2.2 节中了解了构建协程作用域的多种方式，KTX 扩展也提供了创建协程作用域的方法，如在 UI 页面中可以使用 lifecycleScope 构建一个协程作用域，代码如下：

```
lifecycleScope.launch {
}
lifecycleScope.launchWhenCreated {
}
lifecycleScope.launchWhenResumed {
}
```

launchWhenCreated 和 launchWhenResumed 会创建出某个生命周期下的协程作用域，同样地，在 ViewModel 中我们可以使用 viewModelScope 创建协程作用域，代码如下：

```
viewModelScope.launch {
}
```

使用 KTX 扩展创建协程作用域的好处是，viewModelScope 或 lifecycleScope 是
与生命周期绑定的，所以当 Activity 销毁时，会自动取消协程操作，无须开发者进
行额外的操作。在实际开发中，数据相关的操作一般放在 ViewModel 中进行，这时
就需要将数据操作结果回调给 UI 层，这一问题使用第 4 章中学习的 LiveData 组件
可以解决。但由于 LiveData 应对复杂场景时支持能力较弱，所以 Google 建议我们将
LiveData 迁移到 Kotlin 数据流中，那么什么是 Kotlin 数据流（Flow）呢？

9.3 Kotlin 数据流

9.3.1 Flow 的基本使用

在协程中通过 async 或 withContext 挂起函数可以返回单个数据值，数据流（Flow）
以协程为基础构建，可以按顺序发出多个值。

以从数据库中获取数据为例，假如现在需要取出 5 条数据，使用 Flow 则不需要
等待 5 条数据全部取出之后再更新，而是可以实时地接收数据更新。首先新建一个
loadData 方法，代码如下：

```
private fun loadData() = flow {
    Log.d(TAG, "-- 进入 loadData 方法 ----")
    for (i in 1..5) {
        delay(1000)
        emit(i)
    }
}
```

程序中每间隔 1 秒发出一条数据，由于 flow 方法内部是一个挂起函数，因此开
发者可以调用 delay 函数，不过，由于 loadData 方法需要在协程中调用，因此，可
创建一个协程调用 loadData 方法，代码如下：

```
lifecycleScope.launch {
    loadData()
}
```

此时运行程序会发现，程序并没有进入 loadData 方法，也没有打印出任何数值，

这是因为 Flow 是冷流。什么是冷流呢？冷流就是在数据被订阅后，发布者才开始执行发射数据流的代码，并且若有多个订阅者，那么每一个订阅者与发布者都是一对一的关系，也就是说，每个订阅者都会收到发布者完整的数据。

所以开发者需要使用 collect 方法对 Flow 进行订阅，代码如下：

```
lifecycleScope.launch {
    loadData().collect {
        Log.d(TAG, it.toString())
    }
}
```

再次运行程序，打印结果如图 9-6 所示。

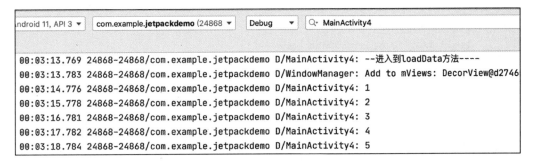

图 9-6　Flow 流打印结果

从图 9-6 中可以看出，使用 collect 订阅 Flow 之后，程序进入 loadData 方法，并且每隔 1 秒接收到发送过来的一个数值。此外，Flow 还为开发者提供了许多强大的操作符，一起来看看如何使用吧。

1. filter 与 map 操作符

filter 操作符为开发者提供了对结果添加限制条件的功能。比如在前面的例子中，若要限制程序仅发送偶数值，那么，修改后的代码如下：

```
private fun loadData() = flow {
    Log.d(TAG, "-- 进入 loadData 方法 ----")
    for (i in 1..5) {
        delay(1000)
        emit(i)
    }
}.filter {
    it % 2 == 0
}
```

运行程序，LoadData 函数的打印结果如图 9-7 所示。

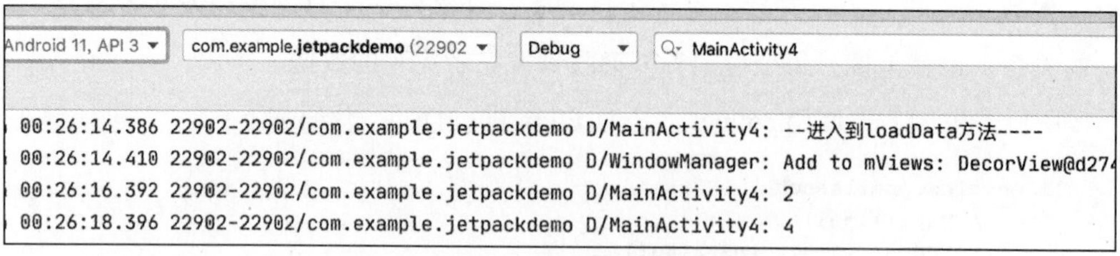

图 9-7　filter 操作符运行的结果

map 操作符则提供了将结果集映射为其他类型的方式，这里将结果映射为原集合数值的 5 倍，编写如下代码：

```
private fun loadData() = flow {
    Log.d(TAG, "-- 进入 loadData 方法 ----")
    for (i in 1..5) {
        delay(1000)
        emit(i)
    }
}.map {
    it * 5
}
```

运行程序，LoadData 函数的打印结果如图 9-8 所示。

图 9-8　map 操作符运行的结果

2. flowOn 操作符

flowOn 操作符在实际开发中算是比较常用的操作符之一。设想一下，如果现在需要将 Flow 中的代码块执行在 I/O 线程中，该如何操作呢？可能有读者会说，这不简单吗，加个协程切换就可以了！编写如下代码：

```
private fun loadData() = flow {
```

```
withContext(Dispatchers.IO){
    Log.d(TAG, "-- 进入 loadData 方法 ----")
    for (i in 1..5) {
        delay(1000)
        emit(i)
    }
}
}
```

这样操作后，在运行程序时你会发现代码崩溃并抛出了异常。这里先不考虑为什么会有这个异常，先来看该如何捕获 Flow 中的异常吧！这里 Flow 为开发者提供了 .catch 方法来捕获异常，代码如下：

```
private fun loadData() = flow {
    withContext(Dispatchers.IO) {
        Log.d(TAG, "-- 进入 loadData 方法 ----")
        for (i in 1..5) {
            delay(1000)
            emit(i)
        }
    }
}.catch { catch ->
    Log.d(TAG, catch.message.toString())
}
```

运行程序，程序没有崩溃并打印出了异常日志，如图 9-9 所示。

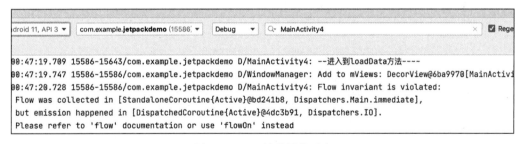

图 9-9　Flow 捕获异常日志

未使用 catch 捕获程序崩溃的原因是在使用 Flow 构建器时，提供方不能提供来自不同 CoroutineContext 的 emit 值，所以不能在 Flow 中创建协程作用域并在协程作用域中发送结果，如果需要切换线程操作，则要使用 flowOn 来代替，若要将上面代码执行在 I/O 线程中，那么可修改为如下形式：

```
private fun loadData() = flow {
```

```
        Log.d(TAG, "-- 进入 loadData 方法 ----")
        for (i in 1..5) {
            delay(1000)
            emit(i)
        }
    }.flowOn(Dispatchers.IO)
}
```

这样一来，就将 Flow 代码块中的执行操作放在了 I/O 线程中。除此之外，Flow
还提供了 buffer、zip、flatMapConcat 等操作符，感兴趣的读者可自行实践。

既然 Flow 是冷流，那么是否有热流呢？答案是有的！ StateFlow 就是一种热流，
即无论是否有订阅者，都会执行发射数据流的操作，并且发布者与订阅者是一对多
的关系。

9.3.2 探究 StateFlow 与 SharedFlow

1. StateFlow

StateFlow 的使用场景与在第 4 章中学习的 LiveData 是非常接近的，如果你
已经忘记了 LiveData 的使用方式，可以回过头再把第 4 章温习一遍。下面以检测
ViewModel 中数值的变化为例进行讲解，使用 StateFlow 时，可在 ViewModel 中编
写如下代码：

```
class MainViewModel : ViewModel() {
    private val _uiState = MutableStateFlow("")
    val uiState: StateFlow<String> = _uiState
    // 处理字符串
    fun buildUp(world: String) {
        _uiState.value = "Hello${world}"
    }
}
```

上述程序会在 ViewModel 中在输入的文字前面添加 Hello 字符串，并将监听结
果展示在 UI 中。与 LiveData 组件不同的是，这里开发者必须为 MutableFlow 指定默
认值。在 Activity 中调用 buildUp 方法并监听结果，Activity 中的主要代码如下：

```
//StateFlow 的使用
btnSave.setOnClickListener {
    mainViewModel.buildUp(edContent.text.toString())
}
// 监听结果
```

```
lifecycleScope.launch {
    mainViewModel.uiState.collect {
        tvResult.append(it)
        Log.d(TAG, "打印结果:${it}")
    }
}
```

运行程序输入"Jetpack"，多次点击 SAVE 按钮，运行结果如图 9-10 所示。

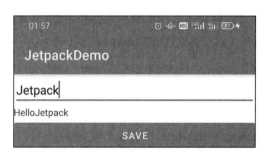

图 9-10　StateFlow 示例运行结果

从运行结果可以看出，即使程序为 StateFlow 多次赋值，如果值没有发生变化，StateFlow 是不会回调 collect 函数的，这一点与 LiveData 组件不同，并且 StateFlow 总会先收到默认值。

2.SharedFlow

SharedFlow 是 StateFlow 的一种可配置性极高的泛化数据流。在 ViewModel 中声明 SharedFlow 的代码如下：

```
private val _uiState = MutableSharedFlow<String>()
val uiState: SharedFlow<String> = _uiState
```

MutableSharedFlow 构造方法的代码如下：

```
public fun <T> MutableSharedFlow(
    replay: Int = 0,
    extraBufferCapacity: Int = 0,
    onBufferOverflow: BufferOverflow = BufferOverflow.SUSPEND
): MutableSharedFlow<T>{
    ...
}
```

MutableSharedFlow 构造方法有三个参数，其中，replay 表示新订阅者重播值的个数默认为 0，即新订阅者默认不会收到之前的值；extraBufferCapacity 表示减去 replay

的数量之后，MutableSharedFlow 缓存数据的个数默认值也为 0；onBufferOverflow
表示 Flow 的缓存策略默认为挂起。

而 StateFlow 本质上是一个 replay 为 1，extraBufferCapacity 为 0 的 SharedFlow，
这也是使用 StateFlow 时我们会先收到设置的默认值的原因。此外，Flow 还为开发
者提供了 stateIn 方法，用于将任何数据流转化为 StateFlow；shareIn 方法，用于将
任何数据流转化为 SharedFlow。在这里就不展开讲解了，LiveData、StateFlow 与
SharedFlow 都有各自的优势，在业务开发中选择合适的方式便可以提升开发效率。

9.4　原理小课堂

许多读者在学习协程时都会与线程做比较，Kotlin 协程归根结底只是为开发者提
供的一种线程 API。使用协程可以写出上下两行看似同步却异步执行的代码，这就是
协程的非阻塞式挂起。下面讲解当程序调用 CoroutineScope(job).launch 方法启动协
程的时候都做了哪些操作。CoroutineScope(job).launch 方法的源码如下：

```
public fun CoroutineScope.launch(
    context: CoroutineContext = EmptyCoroutineContext,
    start: CoroutineStart = CoroutineStart.DEFAULT,
    block: suspend CoroutineScope.() -> Unit
): Job {
    val newContext = newCoroutineContext(context)
    val coroutine = if (start.isLazy)
        LazyStandaloneCoroutine(newContext, block) else
        StandaloneCoroutine(newContext, active = true)
    coroutine.start(start, coroutine, block)
    return coroutine
}
```

从源码中可以看出，launch 函数有三个参数，分别是 CoroutineContext、Coroutine-
Start 和一个用 suspend 修饰的 CoroutineScope 高阶函数，CoroutineContext 参数
的含义是附属到协程的上下文中，CoroutineStart 参数的含义是启动器默认使用
CoroutineStart.DEFAULT，CoroutineScope 参数实质上就是要执行的协程代码块。

在 launch 方法中通过 newCoroutineContext 方法创建新的协程上下文，代码如下：

```
public actual fun CoroutineScope.newCoroutineContext(context: CoroutineContext):
    CoroutineContext {
```

```
val combined = coroutineContext + context
val debug = if (DEBUG) combined + CoroutineId(COROUTINE_ID.incrementAndGet())
    else combined
return if (combined !== Dispatchers.Default && combined[ContinuationIntercep
    tor] == null)
    debug + Dispatchers.Default else debug
}
```

通过 CoroutineScope 的扩展方法将 CoroutineContext 添加进来，之后会调用
coroutine.start 方法启动协程，代码如下：

```
public fun <R> start(start: CoroutineStart, receiver: R, block: suspend R.() -> T) {
    initParentJob()
    start(block, receiver, this)
}
```

start 方法最终会调用 startCoroutineCancellable 方法，代码如下：

```
public fun <T> (suspend () -> T).startCoroutineCancellable(completion:
    Continuation<T>): Unit = runSafely(completion) {
    createCoroutineUnintercepted(completion)
    .intercepted()
    .resumeCancellableWith(Result.success(Unit))
}
```

这里创建了一个未被拦截的 Continuation，Continuation 有延续、续集的意思，这
里可以理解为当协程挂起的时候会将代码分割成若干个 Continuation。当协程挂起的
时候，执行结束之后会通过一个 Continuation 来告诉协程应从哪个地方继续执行。下
面主要来看 resumeCancellableWith 方法，该方法最终又会执行 BaseContinuationImpl
类的 resumeWith 方法，示例代码如下：

```
public final override fun resumeWith(result: Result<Any?>) {
    var current = this
    var param = result
    while (true) {
        with(current) {
            val completion = completion!!
            val outcome: Result<Any?> =
                try {
                    val outcome = invokeSuspend(param)
                    if (outcome === COROUTINE_SUSPENDED) return
                    Result.success(outcome)
                } catch (exception: Throwable) {
                    Result.failure(exception)
                }
```

```
        releaseIntercepted()
        if (completion is BaseContinuationImpl) {
            current = completion
            param = outcome
        } else {
            completion.resumeWith(outcome)
            return
        }
    }
}
```

上述代码通过 invokeSuspend 方法来执行 suspend 中的代码段，如果代码段中执行了挂起方法就会直接返回，挂起函数最终会通过 complete 方法进行恢复。这里由于篇幅原因就不继续深究了，感兴趣的读者可以自行研读。

9.5 小结

本章不仅基于 Jetpack 组件循序渐进地介绍了 Kotlin 协程的使用方法，还讲解了 Google 推荐的 Kotlin 数据流等相关知识，Kotlin 协程与 Kotlin 数据流是 Android 开发者必须掌握的技能之一，本章内容较为丰富，读者需要好好消化一下。下一章将介绍分页库 Paging3 的使用方式，Paging3 使用 Flow 来传递数据，快来一起看看吧！

分页库 Paging3 的使用

在上一章中学习了 Kotlin 协程和 Flow 的基本使用，通过 Kotlin 协程和 Flow 可以更优雅地实现异步任务。Paging3 是 Google 官方为开发者提供的分页组件库（Paging 的最新版本），本章将结合 Kotlin 协程和 Flow 的使用来演示 Paging3 的使用，除此之外，本章还包含网络请求的封装、官方推荐的最佳架构等内容，这些都是实际项目开发中值得借鉴的，快来一起探索分页库 Paging3 的精彩世界吧！

10.1 Android 中分页功能常见的设计方法

在业务开发中由于数据信息过多，为了加速页面数据展示，提升用户体验和更高效地利用网络带宽和系统资源，分页加载成了每个 App 必有的功能之一。在 Paging 出现之前实现分页功能基本上有两种方式，一种是为 RecycleView 添加 header 和 footer 并自行处理滑动加载等事件，另一种是借助第三方开源框架处理业务逻辑。当然，后者也是基于第一种方式实现的。无论使用哪种方式，开发者都需要处理一些特定的场景。Google 为了统一分页加载的实现方案，以使开发者更多地专注于业务功能的实现，推出了分页加载库 Paging，Paging3 作为 Paging 组件的最新版本，比 Paging 更加便捷，因此，开发者了解并掌握 Paging3 的使用方法是很有必要的。

10.2　网络请求的封装与使用

为了达到更好的演示效果，本章中的数据都是通过网络请求从服务器上获取的。因此需要封装一个网络请求工具便于在项目中使用。假设现在需要从数据库中分页查询所有的学生信息，接口请求参数示例如图 10-1 所示。

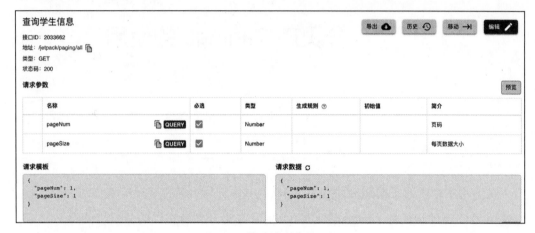

图 10-1　接口请求参数示例

接口返回参数示例如图 10-2 所示。

名称		必选	类型	生成规则 ⑦	初始值	简介
status		☐	String			响应状态码
msg		☐	String			响应提示语
⌄ body		☐	Object			
pageSize		☐	Number			每页数据大小
pageNum		☐	Number			页码
totalSize		☐	Number			总数据大小
totalPage		☐	Number			总页数
⌄ list		☐	Object			
id		☐	String			id
name		☐	String			姓名
className		☐	String			班级名称
photo		☐	String			头像地址

图 10-2　接口返回参数示例

从图 10-1 与图 10-2 的接口文档中已经知道了接口地址、接口传参以及接口返回的数据格式，下面根据接口文档新建 StudentApi 接口文件类，并声明 loadStudentMessage 方法，代码如下：

```
interface StudentApi {
    @GET("jetpack/paging/all")
    suspend fun loadStudentMessage(
        @Query("pageNum") pageNum: Int,
        @Query("pageSize") pageSize: Int
    ): BaseReqData<StudentReqData>
}
```

StudentReqData 类是接口返回的对应的 body 实体数据，代码如下：

```
class StudentReqData {
    var pageSize = 0
    var pageNum = 0
    var totalSize = 0
    var totalPage = 0
    var list: List<ListBean>? = null
    class ListBean {
        var id: String? = null
        var name: String? = null
        var className: String? = null
        var photo: String? = null
    }
}
```

BaseReqData 是对常见业务中返回数据格式的统一处理，代码如下：

```
class BaseReqData<T> {
    private val status = 0
    private val body: T? = null
    private val msg: String? = null
}
```

泛型 T 在这里对应的就是 StudentReqData。写好 StudentApi 之后，开发者可能会用以下代码创建 service 实例：

```
val retrofit = Retrofit.Builder()
    .baseUrl(BaseApi.BASE_URL)
    .build()
var studentApi = retrofit.create(StudentApi::class.java)
```

以上是创建 service 实例的标准方式，当项目接口过多的时候，每次都这样创建就会有较多重复的代码。事实上，可将创建 service 的过程封装起来。首先在 build. gradle 中添加网络请求相关的配置，代码如下：

```
implementation "com.squareup.retrofit2:retrofit:2.9.0"
implementation "com.squareup.retrofit2:converter-gson:2.9.0"
implementation "com.squareup.okhttp3:logging-interceptor:4.7.2"
//paging3 相关库
def paging_version = "3.0.0-alpha07"
implementation "androidx.paging:paging-runtime:$paging_version"
testImplementation "androidx.paging:paging-common:$paging_version"
```

然后新建 RetrofitServiceBuilder 类，提供 createService 方法，代码如下：

```
object RetrofitServiceBuilder {
    fun <T> createService(
        clazz: Class<T>,
        baseApi: String = BaseApi.BASE_URL
    ): T? {
        // 网络未连接时提示用户直接返回 null
        if (!NetWorkUtil.isConnected(BaseApplication.context)) {
            Toast.makeText(BaseApplication.context, " 网络未连接 ", Toast.LENGTH_
                SHORT).show()
            return null
        }
        // 添加日志拦截器
        val interceptor = HttpLoggingInterceptor(object : HttpLoggingInterceptor.
        Logger {
            override fun log(message: String) {
                HttpLoggingInterceptor.Logger.DEFAULT.log(message)
            }
        })
        interceptor.setLevel(HttpLoggingInterceptor.Level.BODY)
        val builder = OkHttpClient.Builder()
            .addInterceptor(interceptor)
        val retrofit: Retrofit = Retrofit.Builder()
            .baseUrl(baseApi)
            .client(builder.build())
            .addConverterFactory(GsonConverterFactory.create())
            .build()
        return retrofit.create(clazz)
    }
}
```

上述代码中处理了无网络时的提示语，并为 retrofit 添加了网络请求日志等方法。baseApi 默认为 BaseApi.BASE_URL 的值，可通过传参修改其值，在实际开发中可能还需要处理是否需要校验 Token、超时时长等参数配置，这里就不一一展示了。创建 StudentApi 对应的 service 只需要写如下代码即可：

```
private val studentApi = RetrofitServiceBuilder.createService(StudentApi::class.java)
```

网络请求封装好以后，一起来看如何使用 Paging3 实现网络数据的分页加载。

10.3　使用 Paging3 实现网络数据的分页加载

使用 Paging 可以更高效地实现分页加载功能，Paging3 的使用完全符合官网推荐的最佳架构模式。

10.3.1　官方推荐的最佳架构

对于前几章所学的 ViewModel、LiveData、Room 等组件，在实际项目中又该如何搭配使用呢？好的架构应当满足关注点分离、持久性模型驱动页面等原则，但就本质而言，架构没有好坏之分。项目应当选择适合自己的架构来提升开发效率、节省维护成本。Google 官方为开发者推荐了一种常见的架构模式，如图 10-3 所示。

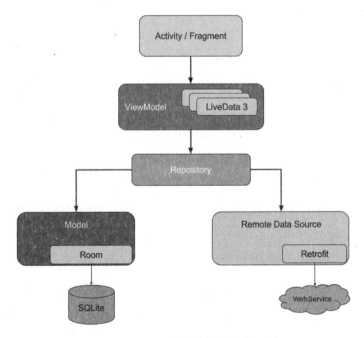

图 10-3　官方推荐架构交互图

Repository 是数据仓库层，负责从 Room 或网络请求中获取数据，这里新建 Student-Repository 类，代码如下：

```
class StudentRepository {
    fun loadStudentMessage(): Flow<PagingData<StudentReqData.ListBean>> {
        return Pager(
            config = PagingConfig(pageSize = 5),
            pagingSourceFactory = { StudentDataSource() }
        ).flow
    }
}
```

Paging3 返回的数据类型是 Flow<PagingData<T>>，其中，T 是业务中的数据类型，在这里对应的是 StudentReqData.ListBean，PagingConfig 指定了关于分页的参数配置，这里指定每页数据量大小是 5，PagingConfig 主要有如下属性：

❑ pageSize：每次加载数据量的大小。

❑ initialLoadSize：处理加载数据量的大小，默认为 pageSize 的三倍。

❑ enablePlaceholders：是否启动展示位，启动后数据未加载出来之前将显示空白的展示位。

❑ prefetchDistance：预取距离，当数据超过这个数值时自动触发加载下一页。

Pager 中的 pagingSourceFactory 参数指定了加载分页的数据源是 StudentData-Source。

ViewModel 层通过调用 Respository 层获取数据，并通过 LiveData 或 Flow 将数据发射到 UI 层，UI 层感知到数据变化后将数据展示出来。新建 StudentViewModel 的代码如下：

```
class StudentViewModel(application: Application) : AndroidViewModel(application) {
    fun loadStudentMessage(): Flow<PagingData<StudentReqData.ListBean>> {
        return StudentRepository().loadStudentMessage().cachedIn(viewModelScope)
    }
}
```

上述代码中，cachedIn() 函数的作用是将服务器返回的数据在 viewModelScope 这个作用域内进行缓存，当手机屏幕旋转时便会保存数据。下面来看 Paging3 中的数据源 PagingSource 是如何实现的。

10.3.2　PagingSource 的定义与使用

PagingSource 是 Paging3 中的核心组件之一，用于处理数据加载逻辑，定义 Student-DataSource 继承自 PagingSource，代码如下：

```
class StudentDataSource : PagingSource<Int, StudentReqData.ListBean>() {
    private val studentApi = RetrofitServiceBuilder.createService(StudentApi::class.
        java)

    override suspend fun load(params: LoadParams<Int>): LoadResult<Int,
        StudentReqData.ListBean> {
    }
}
```

PagingSource 中有两个泛型类型，第一个表示页码参数的类型，这里声明为 Int 整形即可；第二个表示每一项数据对应的实体类。示例中有显示学生基本信息的需求，所以第二个类型可以声明为 StudentReqData.ListBean，同时需要复写 load 方法以提供加载数据的逻辑，代码如下：

```
override suspend fun load(params: LoadParams<Int>): LoadResult<Int, StudentReqData.
    ListBean> {
    try {
        // 页码未定义置为 1
        val currentPage = params.key ?: 1
        // 仓库层请求数据
        val data = studentApi?.loadStudentMessage(currentPage, params.loadSize)
        // 当前页码小于总页码时，页面加 1
        val nextPage =
            if (currentPage < data?.body?.totalPage ?: 0) {
                currentPage + 1
            } else {
                null
            }
        // 上一页
        val prevKey = if (currentPage > 1) {
            currentPage - 1
        } else {
            null
        }

        if (data == null) {
            return LoadResult.Error(throwable = IOException())
        }

        when (data.status) {
```

```
            200 -> {
                data.body?.list?.let {
                    return LoadResult.Page(
                        // 需要加载的数据
                        data = it,
                        prevKey = prevKey,
                        // 加载下一页的 key, 如果传 null 就说明到底了
                        nextKey = nextPage
                    )
                }
            }
            // 其他业务逻辑处理 ...

        }
    } catch (e: Exception) {
        return LoadResult.Error(e)
    }
    // 其他异常情况根据业务处理
    return LoadResult.Error(throwable = IOException())
}
```

上述代码首先通过 params.key 方法获取当前页码值，如果没有声明，则默认为第一页，params.loadSize 方法可以获取声明的每页数据量的大小，这里的数值为 5，程序通过网络请求获取数据 data，当程序请求异常时，上述示例使用的 LoadResult.Error 方法将抛出异常，在实际项目中则需要根据对应业务来处理。正常返回的数据通过 LoadResult.Page 方法返回。LoadResult.Page 方法中有 data、preKey、nextKey 三个参数，其含义依次为：返回的列表数据、前一页、下一页，声明好 DataSource 之后，下一步来看如何实现 PagingDataAdapter。

需要注意的是，params.loadSize 的含义是请求加载的项目数，在 10.3.1 节中提到了 PagingConfig 的 initialLoadSize 参数默认是 pageSize 的 3 倍，所以第一次加载数据的下标为 1 ~ 15，第二次加载的数据下标为 6 ~ 10，可以看到，这里面有部分数据是重复的。Google 官方对此问题的回复是，仅使用 params.loadSize 请求接口导致程序出现数据重复的问题是正常且符合预期的，如果开发者想避免出现这个问题，在加载数据的时候需要将 params.loadSize 替换为业务中的 pageSize，因为 Paging3 的设计理念就是不让开发者关心业务的具体实现，而是完全交给 Paging3 去处理。

10.3.3 PagingDataAdapter 的定义与使用

为了让数据显示在 RecycleView 控件上，需要为 RecycleView 绑定一个适配器。在 Paging3 分页库中同样需要为其绑定一个适配器，不过这个适配器比较特殊，是继承自 PagingDataAdapter 类的，新建 StudentPagingDataAdapter 继承自 PagingData-Adapter，代码如下：

```
class StudentPagingDataAdapter : PagingDataAdapter<StudentReqData.ListBean,
    RecyclerView.ViewHolder>(diffCallback =)...
```

PagingDataAdapter 构造方法的代码如下：

```
abstract class PagingDataAdapter<T : Any, VH : RecyclerView.ViewHolder>
    @JvmOverloads constructor(
    diffCallback: DiffUtil.ItemCallback<T>,
    mainDispatcher: CoroutineDispatcher = Dispatchers.Main,
    workerDispatcher: CoroutineDispatcher = Dispatchers.Default
) : RecyclerView.Adapter<VH>()
```

从上述代码中可以看出 PagingDataAdapter 是继承自 RecycleView.Adapter<VH>的，所以 PagingDataAdapter 的功能与普通的 Adapter 无异，只是需要指定 DiffUtil.ItemCallback 参数。DiffUtil.ItemCallback 用于计算列表中两个非空项目之间差异的回调。需要注意的是，DiffUtil.ItemCallback 是 RecycleView 组件中的功能，而不是 Paging3 中的，所以这里不对 DiffUtil.ItemCallback 方法的作用展开讲解了。Student-PagingDataAdapter 的代码如下：

```
class StudentPagingDataAdapter :
    PagingDataAdapter<StudentReqData.ListBean, RecyclerView.ViewHolder>(object :
        DiffUtil.ItemCallback<StudentReqData.ListBean>() {
        override fun areItemsTheSame(
            oldItem: StudentReqData.ListBean,
            newItem: StudentReqData.ListBean
        ): Boolean {
            return oldItem.id == newItem.id
        }
        @SuppressLint("DiffUtilEquals")
        override fun areContentsTheSame(
            oldItem: StudentReqData.ListBean,
            newItem: StudentReqData.ListBean
        ): Boolean {
            return oldItem == newItem
        }
```

```
}) {
    override fun onBindViewHolder(holder: RecyclerView.ViewHolder, position:
        Int) {
        val mHolder = holder as StudentDataViewHolder
        val bean: StudentReqData.ListBean? = getItem(position)
        bean?.let {
            mHolder.dataBindingUtil.bean = it
        }
    }

    override fun onCreateViewHolder(parent: ViewGroup, viewType: Int): RecyclerView.
        ViewHolder {
        val binding: ItemStudentDataBinding =
            ItemStudentDataBinding.inflate(
                LayoutInflater.from(parent.context), parent, false
            )
        return StudentDataViewHolder(binding)
    }

    class StudentDataViewHolder(var dataBindingUtil: ItemStudentDataBinding) :
        RecyclerView.ViewHolder(dataBindingUtil.root) {
    }
}
```

上述代码在 onBindViewHolder 方法中将数据绑定到了对应的 xml 布局中，接着来看数据绑定是如何实现的。

10.3.4　将结果显示在 UI 上

item_student_data.xml 是对应的数据显示视图，视图代码比较简单，如下所示：

```xml
<?xml version="1.0" encoding="utf-8"?>
<layout xmlns:android="http://schemas.android.com/apk/res/android">
    <data>
        <variable
            name="bean"
            type="com.example.paging3demo.bean.StudentReqData.ListBean" />
    </data>
    <LinearLayout
        android:layout_width="match_parent"
        android:layout_height="wrap_content"
        android:orientation="vertical">
        <LinearLayout
            android:layout_width="match_parent"
            android:layout_height="wrap_content"
            android:orientation="horizontal"
```

```
            android:padding="5dp">
            <ImageView
                android:layout_width="80dp"
                android:layout_height="80dp"
                android:imgUrl="@{bean.photo}" />
            <LinearLayout
                android:layout_gravity="center_vertical"
                android:gravity="center_vertical"
                android:layout_width="match_parent"
                android:layout_height="wrap_content"
                android:orientation="vertical"
                android:paddingLeft="20dp">
                <TextView
                    android:layout_width="wrap_content"
                    android:layout_height="wrap_content"
                    android:text='@{bean.name}'
                    android:textColor="#000000"
                    android:textSize="20sp" />
                <TextView
                    android:layout_width="wrap_content"
                    android:layout_height="wrap_content"
                    android:text='@{bean.className}'
                    android:textSize="16sp" />
            </LinearLayout>
        </LinearLayout>
        <View
            android:layout_width="match_parent"
            android:layout_height="1dp"
            android:background="#999999" />
    </LinearLayout>
</layout>
```

这里使用了 DataBinding 数据绑定功能，这部分内容在第 6 章中已详细介绍过，这里就不再赘述了。到这里一切准备就绪，下面在 Activity 中调用 ViewModel 中加载数据的方法，并将数据设置给 adapter，Activity 中的代码如下：

```
override fun onCreate(savedInstanceState: Bundle?) {
    super.onCreate(savedInstanceState)
    setContentView(R.layout.activity_main)
    val studentPagingDataAdapter = StudentPagingDataAdapter()
    recyclerView.layoutManager = LinearLayoutManager(this)
    recyclerView.adapter = studentPagingDataAdapter

    lifecycleScope.launch {
        try {
            studentViewModel.loadStudentMessage().collect {
                studentPagingDataAdapter.submitData(it)
```

```
        }
    } catch (e: Exception) {
        Log.d(TAG, e.toString())
    }
  }
}
```

由于 collect 是一个挂起函数，所以这里需要在协程中操作。接收到数据后，调用 PagingAdapter 的 submitData 方法，Paging3 开始工作，它会将数据显示在页面上。运行程序，执行结果如图 10-4 所示。

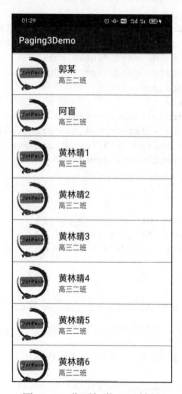

图 10-4　分页加载显示结果

10.3.5　监听加载状态

上面的程序已经实现了将网络数据通过分页方式加载显示到 UI 上的功能，从开始加载数据到将其显示到 UI 上是一个完整的加载过程，Paging3 为开发者提供了监听加载状态的方法，代码如下：

```
studentPagingDataAdapter.addLoadStateListener {
    when (it.refresh) {
        is LoadState.Loading -> {
            Log.d(TAG, "正在加载")
        }
        is LoadState.Error -> {
            Log.d(TAG, "加载错误")
        }
        is LoadState.NotLoading -> {
            Log.d(TAG, "未加载，无错误")
        }
    }
}
```

上述代码通过 PagingAdapter 的 addLoadStateListener 方法进行监听，监听参数是一个 CombinedLoadStates 类，CombinedLoadStates 类中每种状态值及其对应的使用场景如表 10-1 所示。

表 10-1　CombinedLoadStates 状态值及其含义

值类型	使用场景
refresh	数据刷新时
prepend	数据向上一页加载时
append	数据向下一页加载时
source	从 PagingSource 加载
mediator	从 RemoteMediator 加载

这里以"数据刷新时"为例，LoadState 的状态有三种，其状态值与含义描述如表 10-2 所示。

表 10-2　LoadState 状态值及含义描述

状态值	含义描述
Loading	正在加载中
Error	加载错误
NotLoading	没有在加载，一般在加载前或加载完成后

运行程序，监听状态打印日志如图 10-5 所示。

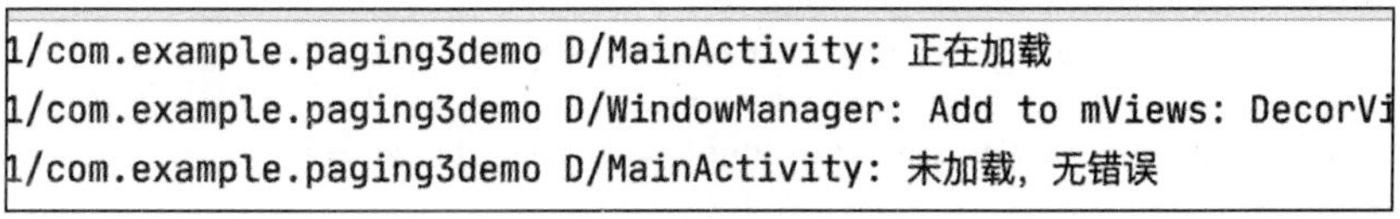

```
1/com.example.paging3demo D/MainActivity: 正在加载
1/com.example.paging3demo D/WindowManager: Add to mViews: DecorVi
1/com.example.paging3demo D/MainActivity: 未加载，无错误
```

图 10-5　监听加载状态打印日志

程序在下翻浏览数据的过程中，可能由于网络异常等问题导致数据加载失败。所以开发者需要对此种情况进行处理，一般情况下，我们会在页面中隐藏一个重试按钮，当出现异常的时候，将重试按钮展示出来即可进行相应的业务处理。但Paging3 为开发者提供了更简单的实现方式，我们一起来看看。首先定义一个底部布局，放一个重试按钮和 ProgressBar，主要代码如下：

```
<layout>
    <androidx.constraintlayout.widget.ConstraintLayout xmlns:android="http://schemas.
        android.com/apk/res/android"
      xmlns:app="http://schemas.android.com/apk/res-auto"
        android:layout_width="match_parent"
        android:layout_height="match_parent">
    <LinearLayout
            android:id="@+id/ll_loading"
            android:layout_width="match_parent"
            android:layout_height="wrap_content"
            android:gravity="center"
            android:orientation="horizontal"
            android:visibility="gone"
            app:layout_constraintEnd_toEndOf="parent"
            app:layout_constraintStart_toStartOf="parent"
            app:layout_constraintTop_toTopOf="parent">

            <TextView
                android:layout_width="wrap_content"
                android:layout_height="wrap_content"
                android:text=" 正在加载数据 ... ..."
                android:textSize="18sp" />

            <ProgressBar
                android:layout_width="20dp"
                android:layout_height="20dp" />
        </LinearLayout>
        <Button
            android:id="@+id/btn_retry"
            android:layout_width="match_parent"
            android:layout_height="wrap_content"
            android:text=" 加载失败，重新请求 "
            android:visibility="gone"
            app:layout_constraintStart_toStartOf="parent"
            app:layout_constraintTop_toBottomOf="@id/ll_loading" />
    </androidx.constraintlayout.widget.ConstraintLayout>
</layout>
```

接着定义一个 ViewHolder，为其命名为 LoadStateViewHolder，代码如下：

```
class LoadStateViewHolder(parent: ViewGroup, var retry: () -> Unit) : RecyclerView.
    ViewHolder(
    LayoutInflater.from(parent.context)
        .inflate(R.layout.item_footer, parent, false)
) {

    var itemLoadStateBindingUtil: ItemFooterBinding = ItemFooterBinding.bind(itemView)

    fun bindStatue(loadState: LoadState) {
        if (loadState is LoadState.Error) {
            itemLoadStateBindingUtil.btnRetry.visibility = View.VISIBLE
            itemLoadStateBindingUtil.btnRetry.setOnClickListener {
                retry()
            }
        } else if (loadState is LoadState.Loading) {
            itemLoadStateBindingUtil.llLoading.visibility = View.VISIBLE
        }
    }
}
```

ViewHolder 与前面的底部布局文件绑定，通过 bindStatue 方法处理加载状态中的逻辑，接着创建一个 LoadStateFooterAdapter，使其继承自 LoadStateAdapter，并指定 ViewHolder 为 LoadStateViewHolder，之后通过 onBindViewHolder 方法调用 bindStatue 方法，代码如下：

```
class LoadStateFooterAdapter(private val retry: () -> Unit) :
    LoadStateAdapter<LoadStateViewHolder>() {
    override fun onBindViewHolder(holder: LoadStateViewHolder, loadState: LoadState) {
        (holder as LoadStateViewHolder).bindStatue(loadState)
    }
    override fun onCreateViewHolder(parent: ViewGroup, loadState: LoadState):
        LoadStateViewHolder {
        return LoadStateViewHolder(parent, retry)
    }
}
```

最后通过 withLoadStateFooter 方法为 adapter 添加底部状态布局，代码如下：

```
recyclerView.adapter =
    studentPagingDataAdapter.withLoadStateFooter(footer = LoadStateFooterAdapter
        (retry = {
        studentPagingDataAdapter.retry()
    }))
```

上述代码会在按钮重试事件的回调中调用 studentPagingDataAdapter.retry() 方法，

retry 方法是 PagingAdapter 为开发者提供的重试方法，除此之外，还有 refresh（刷新）
等方法，读者可自行实践。

运行程序，下翻数据的过程中断开网络，底部状态的显示如图 10-6 所示。

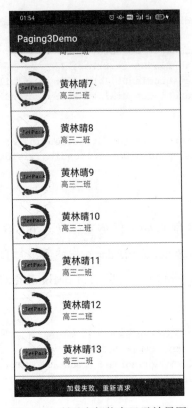

图 10-6　所示底部状态显示效果图

点击加载失败，重新请求按钮会出现加载框和文字提示，这里就不做演示了。
到这里，Paging3 的基本使用就介绍完了，最后一起来看它的实现原理。

10.4　原理小课堂

Paging3 组件的使用流程比较固定，通过 10.3 节的介绍可以知道，它主要是在
Respository 中调用 PagingSource，在 ViewModel 中调用 Respository 并返回 Flow<
PagingData> 到 UI 层，最后 UI 层接收数据并进行展示，如图 10-7 所示。

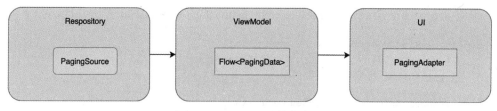

图 10-7　Paging3 的使用方式

接下来看看 Paging3 是如何做到自动加载更多内容的，这需要从 PagingAdapter 的 getItem 方法说起，源码如下：

```
protected fun getItem(@IntRange(from = 0) position: Int) = differ.getItem
    (position)
```

这里的 getItem 调用了 differ.getItem 方法，differ 是一个 AsyncPagingDataDiffer 对象，differ.getItem 方法的代码如下：

```
fun getItem(@IntRange(from = 0) index: Int): T? {
    try {
        inGetItem = true
        return differBase[index]
    } finally {
        inGetItem = false
    }
}
```

getItem 方法又会调用 differBase[index] 方法，differBase 是 PagingDataDiffer 对象，所以接着来看 PagingDataDiffer 的 get 方法，代码如下：

```
public operator fun get(@IntRange(from = 0) index: Int): T? {
    lastAccessedIndexUnfulfilled = true
    lastAccessedIndex = index
    receiver?.accessHint(presenter.accessHintForPresenterIndex(index))
    return presenter.get(index)
}
```

上述代码中有个 receiver?.accessHint 方法，receiver 实例是 UiReceiver 接口，它里面包含了 accessHint 以及供 PagingAdapter 使用的 retry 和 refresh 方法，代码如下：

```
internal interface UiReceiver {
    fun accessHint(viewportHint: ViewportHint)
    fun retry()
    fun refresh()
}
```

最终 accessHint 会调用 PageFetcherSnapshot 类的 accessHint 方法，代码如下：

```
fun accessHint(viewportHint: ViewportHint) {
    if (viewportHint is ViewportHint.Access) {
        lastHint = viewportHint
    }
    hintSharedFlow.tryEmit(viewportHint)
}
```

hintSharedFlow 是 MutableSharedFlow，它通过 tryEmit 方法发送数据。下面来看 hitSharedFlow 接收数据的地方，代码如下：

```
hintSharedFlow
        .drop(if (generationId == 0) 0 else 1)
        .map { hint -> GenerationalViewportHint(generationId, hint) }
    }
    .simpleRunningReduce { previous, next ->
        if (next.shouldPrioritizeOver(previous, loadType)) next else previous
    }
    .conflate()
    .collect { generationalHint ->
        doLoad(loadType, generationalHint)
    }
```

上述代码最终走到了 doLoad 方法中，此方法的主要代码如下：

```
var loadKey: Key? = stateHolder.withLock { state ->
    state.nextLoadKeyOrNull(
        loadType,
        generationalHint.generationId,
        generationalHint.presentedItemsBeyondAnchor(loadType) + itemsLoaded,
    )?.also { state.setLoading(loadType) }
}
loop@ while (loadKey != null) {
    val params = loadParams(loadType, loadKey)
    val result: LoadResult<Key, Value> = pagingSource.load(params)
    when (result) {
        is Page<Key, Value> -> {
            val nextKey = when (loadType) {
                PREPEND -> result.prevKey
                APPEND -> result.nextKey
                else -> throw IllegalArgumentException(
                    "Use doInitialLoad for LoadType == REFRESH"
                )
            }
```

可以看到，当 loadKey 不为 null 的时候，上述代码会调用 pagingSource 的 load

方法，loadKey 又是通过 stateHolder 的 nextLoadKeyOrNull 方法获取的，此方法的
代码如下：

```
private fun PageFetcherSnapshotState<Key, Value>.nextLoadKeyOrNull(
    loadType: LoadType,
    generationId: Int,
    presentedItemsBeyondAnchor: Int
): Key? {
    if (generationId != generationId(loadType)) return null
    if (sourceLoadStates.get(loadType) is Error) return null
    if (presentedItemsBeyondAnchor >= config.prefetchDistance) return null
    return if (loadType == PREPEND) {
        pages.first().prevKey
    } else {
        pages.last().nextKey
    }
}
```

从上述代码可以看出，当最后一个 Item 的距离小于 prefetchDistance（即预加载
距离）时，会返回 nextKey 开始加载下一页，如此一来，Paging3 就实现了用户无感
知分页加载的功能。

10.5 小结

本章主要讲解了分页库 Paging3 的使用方法，相信读者以后在遇到分页功能的时
候就可以熟练地使用 Paging3 了。除此之外，本章还以 Paging3 为例介绍了官方推荐
的架构使用方式。到这里，Jetpack 中最重要的一些组件已经全部学习完，虽然大家
已经熟练掌握每个组件的使用方式，但是否仍感觉缺少实际操作，不知道各个组件
之间如何搭配使用？不用担心，下一章我们一起进入 Jetpack 实战项目开发！

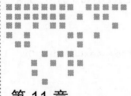

第 11 章

打造一个 MVVM 架构
的健康出行 App

Jetpack 库中的每个组件既独立又相辅相成，本章将打造一个 MVVM 架构的健康出行 App，此 App 会将之前章节中介绍的组件结合起来使用。通过项目实践，相信读者会对各组件的使用方式有更深的理解，快来一起动手实践吧！

11.1 项目需求设计与可行性分析

开发之前先来了解一下健康出行 App 的具体需求，这款 App 主要有以下几个功能：

（1）查询城市数据

查询城市数据是整个项目各功能的基础，为了便于选择数据，将会在选择城市数据页面增加字母列表索引功能。

（2）查询城市核酸检测机构

查询特定城市的核酸检测机构信息，其中主要包含机构名称、联系电话、详细地址等。

（3）查询疫情风险等级地区

查询中、高风险地区的数量与详细信息。

（4）查询健康出行政策

查询两个城市之间的出行政策。

实现上述功能需要用到 UI、网络请求、协程、Flow、DataBinding 等知识，这些知识点在前面的章节中已经学习过了，相信对读者而言完成这些工作并不困难。

项目需求设计完成之后，接下来就要进行可行性分析了，很多读者认为实践项目的难点在于没有可靠的后台接口可以测试。为了便于读者实践，健康出行 App 数据接口使用聚合数据提供的免费在线 API。此接口是免费的，但使用次数是有限制的，每个接口每天仅可请求 100 次，不过这并不影响学习实战项目，下面来了解一下聚合数据 API 的具体使用方法。

首先打开聚合数据官网 https://www.juhe.cn/，注册一个账号并登录，登录之后可以看到聚合数据提供的各类在线 API，如图 11-1 所示。

图 11-1　聚合数据 API 分类

在图 11-1 所示界面找到"2021 出行防疫政策指南"API，接口申请成功后就可以看到一个请求 Key，如图 11-2 所示。

图 11-2　请求 Key

有了请求 Key 之后，就可以使用其所提供的接口了。查询城市数据的接口地址是：http://apis.juhe.cn/springTravel/citys?key={key}。

在参数 Key 中填入刚刚申请的请求 Key 值，之后服务器会返回 JSON 格式的数据，精简后的数据格式如下：

```
{
    "reason": "success!",
    "result": [
        {
            "province_id": "1",
            "province": " 省份 ",
            "citys": [
                {
                    "city_id": "10001",
                    "city": " 城市 "
                }
            ]
        }

    ],
    "error_code": 0
}
```

其中，error_code 代表请求状态码，它的值为 0 时表示请求成功，result 表示返回的结果集。province_id、province 分别表示省份 id、省份名称，city_id、city 分别表示城市 id、城市名称。

在获取到城市数据之后，调用另外一个 API 来查询特定城市的核酸检测机构，接口地址如下：

http://apis.juhe.cn/springTravel/hsjg?key={key}&city_id={city_id}。

与上一个接口相比，查询城市核酸检测机构的接口需要多传入一个 city_id 参数，其参数值在前面的接口中已经获取到了，这里以查询合肥的核酸检测机构为例，返回的数据格式如下：

```
{
    "reason": "success!",
    "result": {
        "data": [{
            "city_id": "10001",
            "name": " 安徽 **** 有限公司 ",
            "province": " 安徽 ",
```

```
            "city": "合肥",
            "phone": "1520****041",
            "address": "安徽省合肥市***"
        }],
        "city_id": "10001",
        "city": "合肥",
        "province": "安徽"
    },
    "error_code": 0
}
```

在上述代码中，result 结果集返回了一个 data 数组，此数组主要包含机构名称、联系电话、机构地址等信息，这里对数据做了精简。

查询疫情风险等级地区则需要使用另一个接口 http://apis.juhe.cn/springTravel/risk?key=${key}，此接口请求返回的数据格式如下：

```
{
    "reason": "success!",
    "result": {
        "updated_date": "2021-10-29 13:00:00",
        "high_count": "2",
        "middle_count": "20",
        "high_list": [{
            "type": "2",
            "province": "省份",
            "city": "城市",
            "county": "地区",
            "area_name": "地区名称",
            "communities": [
                "社区名称"
            ],
            "county_code": "110114115"
        }],
        "middle_list": [{
            "type": "2",
            "province": "省份",
            "city": "城市",
            "county": "地区",
            "area_name": "地区名称",
            "communities": [
                "社区名称"
            ],
            "county_code": null
        }]
    },
    "error_code": 0
}
```

上述代码中，result 结果集的主要字段含义如表 11-1 所示。

表 11-1　查询疫情风险等级地区接口的 result 结果集中主要字段及其含义

字段名	字段含义
updated_date	数据更新时间
high_count	高风险地区数量
middle_count	中风险地区数量
high_list	高风险地区数据
middle_list	中风险地区数据
type	类型为 1，表示全部区域；类型为 2，表示部分区域
communities	部分区域的详细列表
county_code	行政区代码

最后来看一下查询健康出行政策功能的接口，地址如下：

http://apis.juhe.cn/springTravel/query?key=&from={from_city_id}&to={to_city_id}。

这里传入的两个参数分别是出发地城市 id 和目的地城市 id，接口返回的 JSON 数据格式如下：

```
{
    "reason": "success",
    "result": {
        "from_info": {
            "city_name": " 苏州 ",
            "high_in_desc": "**",
            "low_in_desc": "***",
            "out_desc": "***",
            "province_name": " 江苏 ",
            "risk_level": "1"
        },
        "to_info": {
            // 同 from_info
        },
        "from_covid_info": {
            "today_confirm": "0",
            "total_confirm": "87",
            "total_heal": "87",
            "total_dead": "0",
            "updated_at": "2021-01-20 10:07:33",
            "is_updated": "0"
        },
        "to_covid_info": {
            // 同 from_covid_info
        }
```

```
    },
    "error_code": 0
}
```

上述代码中，result 结果集的主要字段及含义如表 11-2 所示。

表 11-2　查询出行政策接口的 result 结果集中主要字段及其含义

字段名	字段含义
from_info	出发地城市出行政策信息
to_info	目的地城市出行政策信息
high_in_desc	高风险地区进入政策描述
low_in_desc	低风险地区进入政策描述
risk_level	风险等级为 0，暂无；为 1，低风险；为 2，中风险；为 3，高风险；为 4，部分地区中风险；为 5，部分地区高风险；为 6，部分地区中、高风险
from_covid_info	出发地疫情数据
to_covid_info	目的地疫情数据
today_confirm	新增确诊
total_confirm	累计确诊
total_heal	治愈数目
total_dead	死亡数目
updated_at	更新时间内

有了这些接口的使用方式和返回数据，就可以开始编写相应的数据实体类、接口请求等基础的代码了。不过，一个好的项目离不开项目组件化的设计，在正式开始实现功能之前，先来看看在实际项目中如何设计和搭建组件化的结构项目。

> **注意**　聚合数据 API 的结果来自当地政府、卫健委等部门公开发布的消息，更新同步可能有延迟。

11.2　组件化结构的设计与搭建

项目采用组件化结构不仅有利于开发和维护，而且有利于提高编译效率和对模块的单独测试。在本章的实战项目中，会将每个功能都拆分为单独的模块，但所有的业务模块都依赖于 appbase 模块。appbase 模块中包含网络请求、基础 Activity 等一些封装的工具类。下面新创建一个项目，取名为 TravelPrevention，创建所有功能模块后，项目结构如图 11-3 所示。

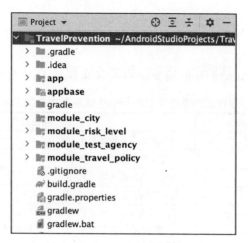

图 11-3 项目结构图

其中，app 模块作为项目入口，module_city 是查询城市数据的业务模块，module_risk_level 是查询风险等级的业务模块，module_test_agency 是查询核酸检测机构的模块，module_travel_policy 是查询健康出行政策的模块。

组件化结构搭建主要解决三个问题，这三个问题分别是各模块的库如何统一管理、模块间如何通信以及模块如何单独运行，接下来依次来看该如何处理。

首先要解决的问题是各模块的库如何统一管理。在实际开发中，由于业务量巨大，可能会将业务拆分为若干个独立模块，在这其中，就会存在编译版本、版本号以及依赖的第三方库难以管理或者不同开发者使用库的版本号不一致导致整个项目产生编译冲突等问题。起初 Google 官方推荐使用 ext 变量来管理各类版本号，这种方式的缺点是编辑器无法自动提示和跳转，buildSrc 正好能解决这个问题，且易于扩展和维护，因此这里推荐使用 buildSrc 的方式来统一管理。

首先，在项目根路径下创建 buildSrc 文件夹并创建 build.gradle.kts 文件，在文件中添加如下代码：

```
plugins {
    `kotlin-dsl`
}
```

然后，在 buildSrc 下创建 src/main/java 目录并在此目录下创建一个 kt 文件，名称可任意取，这里取名为 Dependencies.kt。在 Dependencies 文件中可创建多个 object 来管理信息，这里创建 Versions 和 Libs 分别管理版本号信息和依赖库，代码如下：

```
// 版本号管理
object Versions {
    const val compileSdkVersion = 30
    const val minSdkVersion = 23
    const val targetSdkVersion = 30
}
// 三方库管理
object Libs {

}
```

现在将每个业务模块下的相关版本号修改为引用 Versions 中的版本号，以 app 模块为例，修改后的代码如下：

```
...
compileSdk Versions.compileSdkVersion
defaultConfig {
    applicationId "com.hlq.travelprevention"
    minSdk Versions.minSdkVersion
    targetSdk Versions.targetSdkVersion
    ...
}
```

这里将项目中用到的网络请求、协程等依赖库一并引入，代码如下：

```
// 版本号管理
object Versions {
    const val compileSdkVersion = 30
    const val minSdkVersion = 23
    const val targetSdkVersion = 30
    const val lifecycle_version = "2.3.1"
    const val fragment_ktx_version = "1.3.6"
    const val picasso_version = "2.71828"
    const val retrofit_version = "2.9.0"
    const val logging_interceptor_version = "4.7.2"
    const val coroutines_version = "1.4.1"
}
// 第三方库管理
object Libs {
    const val livedata_ktx = "androidx.lifecycle:lifecycle-livedata-ktx:$
        {Versions.lifecycle_version}"
    const val viewmodel_ktx = "androidx.lifecycle:lifecycle-viewmodel-ktx:$
        {Versions.lifecycle_version}"
    const val viewmodel = "androidx.lifecycle:lifecycle-viewmodel-savedstate:$
        {Versions.lifecycle_version}"
```

```
const val fragment_ktx = "androidx.fragment:fragment-ktx:${Versions.fragment_
    ktx_version}"
const val picasso = "com.squareup.picasso:${Versions.picasso_version}"
const val retrofit = "com.squareup.retrofit2:retrofit:${Versions.retrofit_version}"
const val converter_gson = "com.squareup.retrofit2:converter-gson$
    {Versions.retrofit_version}"
const val logging_interceptor = "com.squareup.okhttp3:logging-interceptor:$
    {Versions.logging_interceptor_version}"
const val coroutines = "org.jetbrains.kotlinx:kotlinx-coroutines-core:$
    {Versions.coroutines_version}"
const val coroutines_android = "org.jetbrains.kotlinx:kotlinx-coroutines-android:$
    {Versions.coroutines_version}"
}
```

如果现在需要引入 livedata_ktx 等依赖库，可在 build.gradle 文件中添加如下代码：

```
dependencies {
    implementation Libs.livedata_ktx
    implementation Libs.viewmodel_ktx
    implementation Libs.viewmodel
    implementation Libs.fragment_ktx
    implementation Libs.picasso
    implementation Libs.retofit
    implementation Libs.converter_gson
    implementation Libs.logging_interceptor
    implementation Libs.coroutines
    implementation Libs.coroutines_android
}
```

如此一来，就实现了对所有模块的统一管理。接下来解决第二个问题：不同模块间该如何通信？

项目模块拆分为组件的目的就是解耦，因此模块间是不能相互依赖的。本项目中使用 Alibaba 开源的 ARouter 来实现不同模块间的通信功能，项目地址为 https://github.com/alibaba/ARouter。使用 ARouter 的第一步是引入 ARouter 的库依赖，在库管理文件中添加如下代码：

```
object Versions {
    ...
    const val arouter_api_version = "1.5.0"
    const val arouter_compiler_version = "1.2.2"
    ...
}
object Libs {
    const val arouter_api = "com.alibaba:arouter-api:${Versions.arouter_api_
        version}"
```

```
const val arouter_compiler = "com.alibaba:arouter-compiler:${Versions.arouter_
    compiler_version}"
}
```

定义好库版本之后，在 app 模块的 build.gradle 文件中添加依赖。除此之外，app 模块中还需要依赖所有的业务模块，这可通过如下代码实现：

```
dependencies {
    ...
    implementation(Libs.arouter_api)
    implementation(Libs.arouter_compiler)
    implementation project(":appbase")
    implementation project(":module_city")
    implementation project(":module_risk_level")
    implementation project(":module_test_agency")
    implementation project(":module_travel_policy")
}
```

接着在每个业务模块下的 build.gradle 文件中添加如下代码：

```
apply plugin: 'kotlin-kapt'
android {
    ...
    defaultConfig {
    ...
    kapt {
        arguments {
            arg("AROUTER_MODULE_NAME", project.getName())
        }
        }
    }
...
}
```

完成上述配置后，便可以在项目中使用 ARouter 进行路由管理了。在目标 Activity 中使用 @Route 注解指定路由地址，示例代码如下：

```
@Route(path = XXX)
class AgencyMessageActivity:Activity(){
    ...
}
```

若要跳转到 Activity 页面，需要调用 ARouter.getInstance().build 方法，示例代码如下：

```
ARouter.getInstance().build(XXX)
    .navigation()
```

在跳转页面时，也可以通过一系列方法传递参数和指定启动模式，示例代码如下：

```
ARouter.getInstance().build(XXX)
    // 传递 String 类型的值
    .withString("a", "a")
    // 传递布尔类型的值
    .withBoolean("b", false)
    // 指定启动模式
    .withFlags(Intent.FLAG_ACTIVITY_NEW_TASK)
    .navigation()
```

对于 ARouter 的其他使用方法，读者可参照官方示例学习，这里不再详细介绍了，因为 ARouter 只是组件间通信的一种方式，并不是本章的主要内容。

最后一个需要解决的问题就是如何让组件独立运行。组件独立运行的前提是必须是一个 application，而新建的 module 是一个 library，所以要实现组件独立运行就要使 module 可以在 library 和 application 之间随意切换。在 gradle.properties 中设置一个变量，用其标记是否以组件方式运行，代码如下：

```
## 是否是组件开发
isModule=false
```

可以通过这个变量值在业务模块中区分是 library 还是 appilcation，示例代码如下：

```
if (isModule.toBoolean()) {
    apply plugin: 'com.android.application'
} else {
    apply plugin: 'com.android.library'
}
apply plugin: 'kotlin-android'
```

当 library 切换为 application 的时候，需要通过指定不同的 AndroidManifest.xml 文件来指定默认启动的 Activity 等配置。在模块的 src/main 目录下创建 module 目录，用于存放单独配置的 AndroidManifest.xml 文件，然后使用 sourceSets 设置使用不同的配置文件，示例代码如下：

```
sourceSets {
    main {
        if (isModule.toBoolean()) {
            manifest.srcFile 'src/main/module/AndroidManifest.xml'
        } else {
```

```
        manifest.srcFile 'src/main/AndroidManifest.xml'
    }
  }
}
```

如此一来，当变量 isModule 为 true 的时候，便可以单独运行每个组件了，如图 11-4 所示。

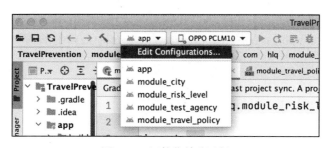

图 11-4　组件化单独运行

这样就将一个基础的组件化项目结构搭建好了。在正式开始编码之前，将上一章中封装好的网络请求等基础方法移到 appbase 模块中，此实战项目就不再详细讲解了。

11.3　查询城市数据

在实现查询城市数据的功能之前，先在 app 模块中编写一个简单的主页面作为其他功能模块的入口，主页面的运行结果如图 11-5 所示。

图 11-5　主页面运行结果

点击菜单跳转到对应的功能页面，主要代码如下。

```
private fun initClick() {
    // 查询核酸检测机构
    mViewBinding.llAgency.setOnClickListener {
        ARouter.getInstance().build(ArouteConfig.AGENCY_MESSAGE)
            .navigation()
    }
    // 查询风险等级地区
    mViewBinding.llRiskLevel.setOnClickListener {
        ARouter.getInstance().build(ArouteConfig.RISK_LEVEL)
            .navigation()
    }
    // 查询出行政策
    mViewBinding.llTravel.setOnClickListener {
        ARouter.getInstance().build(ArouteConfig.TRAVEL_POLICY)
            .navigation()
    }
}
```

在 ArouteConfig 文件中定义了每个功能模块对应的路由地址，示例代码如下：

```
object ArouteConfig {
    /**
     * 城市数据路由地址
     */
    const val CITY_DATA = "/city/citydata"
    /**
     * 检测机构信息
     */
    const val AGENCY_MESSAGE = "/agency/message"
    /**
     * 风险等级查询
     */
    const val RISK_LEVEL = "/risk/level"
    /**
     *健康出行政策查询
     */
    const val TRAVEL_POLICY = "/travel/policy"
}
```

查询城市数据模块作为所有功能的基础服务在主页面中是没有入口的。当选择城市数据时，跳转到选择城市功能页面即可，接下来一起来实现查询城市数据的功能吧！

11.3.1 实现逻辑层代码

在上一节中已经介绍了接口返回的数据结构，从中可以看出，每个接口返回的数据结构都是如下格式：

```
{
    "reason": "success!",
    "result": T,
    "error_code": 0
}
```

由于每个接口仅有 result 字段返回的数据结构不同，因此，考虑新建一个 Base-ReqData 泛型类，用于统一处理不同接口返回的数据，代码如下：

```
class BaseReqData<T> {
    val result: T? = null
    val reason: String = ""
    val error_code: Int = 0
}
```

然后，根据查询城市接口返回的数据结构建立一个 CityDataReqData 实体类。考虑到还需要实现字母列表索引功能，因此，除数据接口返回字段外，还要添加城市名称拼音及城市拼音首字母字段，并实现 Comparable 接口便于数据排序。City-DataReqData 的主要代码如下：

```
class CityDataReqData {
    private val provinceId: String? = null
    private val province: String? = null
    val citys: List<CitysData>? = null
    class CitysData : Comparable<CitysData> {
        var cityNamePinyin: String? = null
            get() {
                field = city?.let {
                    return Cn2SpellUtil.getPinYin(it)
                }
                return ""
            }
        var firstLetter: String? = null
            get() {
                val letter = Regex("[a-zA-Z]")
                city?.let {
                    field = Cn2SpellUtil.getPinYinFirstLetter(it)?.uppercase
                        (Locale.getDefault())
                    if (!field?.matches(letter)!!) {
                        field = "#"
                    }
                    return field
                }
```

```
                return "#"
            }

        val city_id: String? = null
        val city: String? = null
        override fun compareTo(other: CitysData): Int {
            return if (firstLetter.equals("#") && !other.firstLetter.equals("#")) {
                1
            } else if (!firstLetter.equals("#") && other.firstLetter.equals("#")) {
                -1
            } else {
                if (cityNamePinyin != null && other.cityNamePinyin != null) {
                    cityNamePinyin!!.compareTo(other.cityNamePinyin!!, false)
                } else {
                    1
                }
            }
        }
    }
}
```

在上述代码中，Cn2SpellUtil 方法是依赖 pinyin4j-2.5.0.jar 开源库实现的汉语转拼音的工具类，具体可参考相关项目源码。

有了实体类之后，再新建一个 CityApi 接口并采用 GET 请求方式，示例代码如下：

```
interface CityApi {
    /**
     * 加载城市数据
     * @param: 接口 key 值，此处使用 BaseApi 中的默认值
     */
    @GET("citys")
    suspend fun loadCityData(@Query("key") key: String = BaseApi.KEY)
        : BaseReqData<List<CityDataReqData>>
}
```

BaseApi.KEY 是写在 BaseApi 类中的常量，这里读者将其修改成自己申请的 appkey 即可。接着新建仓库层 CityRespository，此仓库层用来获取数据，示例代码如下：

```
class CityRespository {
    // 创建 service 实例
    private var netWork = RetrofitServiceBuilder.createService(
        CityApi::class.java
    )
    /**
     * 加载城市清单
```

```
    */
    suspend fun loadCityData(): BaseReqData<List<CityDataReqData>>? {
        netWork?.let {
            return it.loadCityData()
        }
        return null
    }
}
```

上述代码在 CityRespository 中使用 RetrofitServiceBuilder 创建了 service 实例，RetrofitServiceBuilder 的代码与第 10 章中的代码一致，直接复用即可。创建了仓库层，最后来实现 ViewModel 层。创建 CityDataViewModel 继承自 ViewModel，并定义 loadCityData 方法通过 Flow 的 .asLiveData 方法将结果暴露给 UI 层，示例代码如下：

```
class CityDataViewModel : ViewModel() {
    /**
     * 加载城市清单
     */
    fun loadCityData() = flow {
        val data = CityRespository().loadCityData()
        emit(data)
    }.catch {
        if (it is Exception) {
            HttpErrorDeal.dealHttpError(it)
        }
        emit(null)
    }.asLiveData()
}
```

上述代码在 loadCityData 方法中调用了 CityRespository 层的 loadCityData 方法，并且会通过 emit 函数发送结果。如果遇到了异常则发送一个 null 值，并通过 Http-ErrorDeal 类统一处理异常信息，HttpErrorDeal 类的代码如下：

```
object HttpErrorDeal {
    /**
     * 处理 http 异常
     * @param error 异常信息
     * @param deal 异常时的处理方法
     */
    fun dealHttpError(error: Throwable, deal: (() -> Unit)? = null) {
        when (error) {
            is SocketException -> {
                ToastUtil.shortShow("服务器连接异常")
```

```
        }
        is HttpException -> {
            ToastUtil.shortShow("服务器连接失败")
        }
        is SocketTimeoutException -> {
            ToastUtil.shortShow("请求超时，请检查网络连接")
        }
        is IOException -> {
            ToastUtil.shortShow("服务器连接失败")
        }
        is CancellationException -> {
            // 协程被取消，这里是正常的，不提示
        }
        else -> {
            error.message?.let {
                if (it.isNotEmpty()) {
                    ToastUtil.shortShow(it)
                } else {
                    ToastUtil.shortShow("空指针异常")
                }
            }
        }
    }
    if (deal != null) {
        deal()
    }
}
}
```

上述代码在 dealHttpError 方法中定义了服务器连接失败、连接超时等各种异常情况，便于 App 统一处理。deal 是一个高阶函数，可以为上层提供单独处理异常的方法。实现了 ViewModel 层、Respository 层之后，接下来就可以开始实现 UI 层的代码了。

11.3.2 实现 UI 层代码

在 Activity 的布局中包含一个 RecycleView，将数据结果通过 adapter 设置给 RecycleView 并展示即可。RecycleView 对应的 item 的布局名为 item_city_data.xml，主要代码如下：

```xml
<?xml version="1.0" encoding="utf-8"?>
<layout>
    <data>
```

```
        <variable
            name="data"
            type="com.hlq.module_city.bean.reqbean.CityDataReqData.CitysData" />
    </data>
    <LinearLayout xmlns:android="http://schemas.android.com/apk/res/android"
        ...>
        <TextView
            android:id="@+id/tvFirstLetter"
            android:layout_width="match_parent"
            android:layout_height="45dp"
            android:background="@color/frist_letter"
            android:gravity="center_vertical"
            android:paddingStart="15dp"
            android:text='@{data.firstLetter}'
            android:textColor="@color/light_gray"
            android:textSize="16sp"
            tools:ignore="RtlSymmetry" />

        <TextView
            android:id="@+id/tvDataDesc"
            android:layout_width="match_parent"
            android:layout_height="50dp"
            android:background="@color/white"
            android:gravity="center_vertical"
            android:paddingStart="15dp"
            android:text="@{data.city}"
            android:textColor="@color/black"
            android:textSize="16sp"
            tools:ignore="RtlSymmetry" />
        ...
    </LinearLayout>
</layout>
```

上述代码在 CityDataAdapter 中会通过 DataBinding 将数据绑定到 Item 布局上，CityDataAdapter 的主要代码如下：

```
class CityDataAdpter(
    var data: List<CityDataReqData.CitysData>,
    val callback: (Int, CityDataReqData.CitysData) -> Unit
) : RecyclerView.Adapter<RecyclerView.ViewHolder>() {
    override fun onCreateViewHolder(parent: ViewGroup, viewType: Int): RecyclerView.
        ViewHolder {
        val binding = ItemCityDataBinding.inflate(
            LayoutInflater.from(parent.context)
        )
        return DataViewHolder(binding)
    }
```

```
override fun onBindViewHolder(holder: RecyclerView.ViewHolder, position: Int) {
    val dataHolder = holder as DataViewHolder
    dataHolder.binding.data = data[position]
    dataHolder.binding.tvFirstLetter.visibility = View.VISIBLE
    if (position >= 1) {
        if (data[position].firstLetter != data[position - 1].firstLetter) {
            dataHolder.binding.tvFirstLetter.visibility = View.VISIBLE
        } else {
            dataHolder.binding.tvFirstLetter.visibility = View.GONE
        }
    }
    dataHolder.binding.llParent.setOnClickListener {
        callback(position, data[position])
    }
}
override fun getItemCount(): Int {
    return data.size
}
internal class DataViewHolder(val binding: ItemCityDataBinding) :
    RecyclerView.ViewHolder(binding.root)
}
```

这里要注意的是，通过 callback 高阶函数将点击回调传递到 Activity 中时，Activity 会通过 ViewModel 获取数据并设置给 RecycleView，Activity 的主要代码如下：

```
@Route(path = CITY_DATA)
class CityDataActivity : BaseActivity<ActivityCityDataBinding>() {
    /**
     * viewModel
     */
    private val cityDataViewModel by viewModels<CityDataViewModel>()
    /**
     * 城市数据
     */
    val cityList = mutableListOf<CityDataReqData.CitysData>()

    override fun onCreate(savedInstanceState: Bundle?) {
        super.onCreate(savedInstanceState)
        init()
    }

    /**
     * 初始化
     */
    private fun init() {
        initView()
        loadData()
```

```kotlin
}

/**
 * 初始化 view
 */
private fun initView() {
    mViewBinding.toolbar.setOnClickListener {
        finish()
    }
    // 索引滚动
    mViewBinding.indexView.setOnIndexChangeListener(object : IndexView.
        OnIndexChangeListener {
        override fun onIndexChange(word: String?) {
            mViewBinding.tvIndex.visibility = View.VISIBLE
            mViewBinding.tvIndex.text = word
            word?.let {
                cityList.let { it ->
                    it.forEachIndexed { position, data ->
                        if (word == data.firstLetter) {
                            mViewBinding.rvData.scrollToPosition(position)
                            return
                        }
                    }
                }
            }
        }

        override fun uplift() {
            mViewBinding.tvIndex.visibility = View.GONE
        }

    })
    val layoutManager = LinearLayoutManager(this)
    mViewBinding.rvData.layoutManager = layoutManager
}

/**
 * 加载数据
 */
private fun loadData() {
    DialogLoadingUtils.showLoading(this, getString(R.string.wait_please))
    cityDataViewModel.loadCityData().observe(this, {
        DialogLoadingUtils.cancel()
        it?.let {
            if (it.error_code == 0) {
                //请求成功
                it.result?.let { list ->
                    for (i in list.indices) {
```

```
                                    val data = list[i].citys
                                    data?.let { data ->
                                        for (index in data.indices) {
                                            cityList.add(data[index])
                                        }
                                    }
                                }
                                cityList.sort()
                                val cityDataAdapter = CityDataAdapter(cityList,
                                    callback = { position, data ->
                                        // 选择数据回调
                                        val intent = Intent()
                                        intent.putExtra(ParametersConfig.CITY_ID, data.
                                            city_id)
                                        intent.putExtra(ParametersConfig.CITY_NAME, data.
                                            city)
                                        setResult(
                                            ResultCodeConfig.RESULE_CODE_SELECT_CITY_
                                                SUCCESS,
                                            intent
                                        )
                                        finish()
                                    })
                                mViewBinding.rvData.adapter = cityDataAdapter

                            }
                        }
                    }
                })
            }

    override fun getViewBinding(): ActivityCityDataBinding {
        return ActivityCityDataBinding.inflate(layoutInflater)
    }

}
```

上述代码在 callBack 高阶函数中，会将选择的城市名称、城市 id 返回到上一个页面。IndexView 是一个自定义的字母索引滚动组件，当选择的字母改变时会回调 onIndexChange，并在 onIndexChange 方法中将 RecycleView 滚动到选中字母的首个数据项上。

运行选择城市数据页面，结果如图 11-6 所示。

实现了选择城市数据页面之后，就可以实现其他模块的功能了。接下来实现查询城市核酸检测机构的功能。

图 11-6　查询城市数据页面

11.4　查询城市核酸检测机构

查询城市核酸检测机构的功能是用户选择一个城市，查询所选城市的核酸检测机构信息，并将机构名称、详细地址、联系电话等显示出来。

11.4.1　实现逻辑层代码

逻辑层的实现步骤与前面基本都是一致的，首先根据接口返回的数据结构定义AgencyMessageReqData 类，代码如下：

```
class AgencyMessageReqData {
    public val data: List<Data>? = null
    class Data {
        val city.id: String? = null
```

```
        val name: String? = null
        val province: String? = null
        val city: String? = null
        val phone: String? = null
        val address: String? = null
    }
}
```

接着定义 AgencyApi 接口，代码如下：

```
interface AgencyApi {

    /**
     * 加载检测机构信息
     * @param: 接口 key 值，此处使用 BaseApi 中的默认值
     * @param: city_id 城市 id，从城市选择页面返回
     */
    @GET("hsjg")
    suspend fun loadTestAgencyMessage(
        @Query("city_id") city_id: String,
        @Query("key") key: String = BaseApi.KEY
    ): BaseReqData<AgencyMessageReqData>
}
```

在上述代码中，loadTestAgencyMessage 方法除了需要参数 key 以外，还需要城市 id 这个参数。定义一个仓库层 AgencyRespository，示例代码如下：

```
class AgencyRespository {

    // 创建 service 实例
    private var netWork = RetrofitServiceBuilder.createService(
        AgencyApi::class.java
    )

    /**
     * 查询检测机构信息
     * @param cityId 城市 id
     */
    suspend fun loadTestAgencyMessage(cityId: String): BaseReqData
        <AgencyMessageReqData>? {
        netWork?.let {
            return it.loadTestAgencyMessage(cityId)
        }
        return null
    }
}
```

到这里，细心的读者可能会发现，所有的仓库层中都通过 RetrofitServiceBuilder

方法创建了一个 service 实体类，其实这是不符合类的单一职责原则的。读者若有兴趣，可使用第 8 章中讲解的依赖注入方式去创建 service，这样就将创建 service 的工作从仓库层分离出来了。创建了仓库层后，再创建一个 AgencyViewModel，代码如下：

```
class AgencyViewModel : ViewModel() {
    /**
     * 查询检测机构信息
     * @param cityId 城市 id
     */
    fun loadTestAgencyMessage(cityId: String) = flow {
        val data = AgencyRespository().loadTestAgencyMessage(cityId)
        emit(data)
    }.catch {
        if (it is Exception) {
            HttpErrorDeal.dealHttpError(it)
        }
        emit(null)
    }.asLiveData()
}
```

逻辑层代码实现之后，接下来开始实现 UI 层的代码。

11.4.2　实现 UI 层代码

首先实现选择城市的功能，为显示城市信息的 TextView 添加点击事件，跳转到上一节中实现的选择城市数据页面，并接收选择的城市信息，选择城市点击事件的代码如下：

```
mViewBinding.tvCity.setOnClickListener {
    ARouter.getInstance().build(ArouteConfig.CITY_DATA)
        .navigation(this, REQUSET_CODE_SELECT_CITY)
}
```

这里指定了 requsetCode 变量为 REQUSET_CODE_SELECT_CITY。为了便于统一管理 requestCode、resultCode 等变量，在 appbase 模块中创建了对应的文件类，以 requsetCode 文件类为例，代码如下：

```
object RequsetCodeConfig {

    /**
     * 选择城市数据时，requsetCode 的返回值
```

```
         */
        const val REQUSET_CODE_SELECT_CITY = 1
    }
```

选择城市数据之后，需要在 onActivityResult 中接收返回的数据，onActivityResult
中的主要代码如下：

```
override fun onActivityResult(requestCode: Int, resultCode: Int, data: Intent?) {
    super.onActivityResult(requestCode, resultCode, data)
    when (requestCode) {
        REQUSET_CODE_SELECT_CITY -> {
            when (resultCode) {
                ResultCodeConfig.RESULE_CODE_SELECT_CITY_SUCCESS -> {
                    val cityId = data?.getStringExtra(ParametersConfig.CITY_ID)
                    val cityName = data?.getStringExtra(ParametersConfig.CITY_NAME)
                    mViewBinding.tvCity.text = cityName
                    cityId?.let {
                        loadData(it)
                    }
                }
            }
        }
    }
}
```

接收到选择的城市数据之后，调用 loadData 方法查询检测机构信息，loadData
方法的代码如下：

```
private fun loadData(cityId: String) {
    DialogLoadingUtils.showLoading(this, getString(R.string.wait_please))
    agencyViewModel.loadTestAgencyMessage(cityId).observe(this, {
        DialogLoadingUtils.cancel()
        it?.let {
            if (it.error_code == 0) {
                //请求成功
                it.result?.data?.let { data ->
                    val cityDataAdapter = AgencyMessageAdapter(data,
                        callback = { position, data ->
                            // 以后可以在这里做扩展，如拨打电话、导航等
                        })
                    mViewBinding.rvData.adapter = cityDataAdapter
                }
            }
        }
    })
}
```

在上述代码中，DialogLoadingUtils 是封装在 appbase 模块中的工具类，用来显示发生网络请求时的等待视图。在接口请求成功后，创建 AgencyMessageAdapter 实例并设置给 RecycleView 控件，AgencyMessageAdapter 的代码与 cityDataAdapater 基本一致，这里就不再展示了。运行程序，就可以进入查询核酸检测机构的页面了。为了增强用户使用体验，还可以添加拨打电话、位置导航、自动定位当前城市等功能，如果读者感兴趣，可自行实践。

11.5　查询疫情风险等级地区

查询疫情风险等级地区这一功能可以统计当前中、高风险地区的数量，以及展示中、高风险地区的详细信息。

11.5.1　实现逻辑层代码

查询风险等级地区接口返回的信息稍微有些复杂，这里做了简单处理，外层结构数据返回了中、高风险等级地区的数量和中、高风险地区的详细信息。实体类代码如下：

```
class RiskLevelReqData {
    var updated_date: String? = null
    var high_count: String? = null
    var middle_count: String? = null
    var high_list: List<RiskLevelDetailBean>? = null
    var middle_list: List<RiskLevelDetailBean>? = null
    var list: List<RiskLevelDetailBean>? = null
}
```

在上述代码中，high_list 代表高风险地区信息、middle_list 代表中风险地区信息，list 是为了便于统一处理数据而自定义的一个属性，可将其理解为中、高风险地区信息的集合，RiskLevelDetailBean 类中包含详细地区信息的属性，主要代码如下：

```
class RiskLevelDetailBean {
    var type: String? = null
    var province: String? = null
    var city: String? = null
    var county: String? = null
    var area_name: String? = null
```

```
var communities: List<String>? = null
val communitiesString: String
    get() {
        return communities.splitData()
    }
var county_code: String? = null

// 数据类型默认是 0
var dataType = DataTypeEnum.DATA_IS_RISKLEVEL.ordinal
}
```

其中，communities 字段是地区信息的集合，为了方便绑定在 TextView 上，自定义了 communitiesString 属性用于返回 communities 集合中的所有值，splitData 方法则是自定义的一个用来取 list 集合中所有数据的扩展函数，splitData 扩展函数方法的代码如下：

```
fun list<String>?.splitData(): String {
    val stringBuffer = StringBuffer()
    if (!isNullOrEmpty()) {
        for (i in this.indices) {
            stringBuffer.append(this[i] + "\n")
        }
    }
    return stringBuffer.toString()
}
```

通过 splitData 方法可以将集合 ["A"，"B"，"C"] 处理为字符串 "A\nB\nC\n"，这样就可以通过 DataBinding 直接将结果绑定到 TextView 上了。

dataType 属性是自定义的数据类型，用来显示不同的 UI。有了数据结构体之后，就可以实现接口层、仓库层以及 ViewModel 层的业务逻辑了。

下面定义接口 RiskLevelApi，通过它提供查询风险等级数据的方法 loadRiskLevelMessage，接口代码如下：

```
interface RiskLevelApi {
    /**
     * 查询风险等级数据
     * @param: 接口 key 值，此处使用 BaseApi 中的默认值
     */
    @GET("risk")
    suspend fun loadRiskLevelMessage(
        @Query("key") key: String = BaseApi.KEY
    ): BaseReqData<RiskLevelReqData>
}
```

从上述代码中可以看出，此接口只需要一个参数 key，这里使用默认值 BaseApi.KEY 即可。

接着定义仓库层 RiskLevelRespository，仓库层代码如下：

```kotlin
class RiskLevelRespository {
    // 创建 service 实例
    private var netWork = RetrofitServiceBuilder.createService(
        RiskLevelApi::class.java
    )
    /**
     * 查询风险等级数据
     */
    suspend fun loadRiskLevelMessage(): BaseReqData<RiskLevelReqData>? {
        netWork?.let {
            return it.loadRiskLevelMessage()
        }
        return null
    }
}
```

最后创建一个 RiskLevelViewModel，代码如下：

```kotlin
class RiskLevelViewModel : ViewModel() {

    /**
     * 查询 风险等级数据
     */
    fun loadRiskLevelMessage() = flow {
        val data = RiskLevelRespository().loadRiskLevelMessage()
        emit(data)
    }.catch {
        if (it is Exception) {
            HttpErrorDeal.dealHttpError(it)
        }
        emit(null)
    }.asLiveData()
}
```

逻辑层代码实现之后，接下来开始实现 UI 层的代码。

11.5.2 实现 UI 层代码

UI 层的代码需要展示中、高风险等级地区的数量及详细信息，所以在主布局中有若干 TextView 和一个 RecyclerView 控件，主布局中的主要代码如下：

```xml
<?xml version="1.0" encoding="utf-8"?>
<layout xmlns:android="http://schemas.android.com/apk/res/android"
    ...
    >
    <data>
        <variable
            name="bean"
            type="com.hlq.module_risk_level.bean.reqbean.RiskLevelReqData" />
    </data>
    <androidx.core.widget.NestedScrollView
        android:layout_width="match_parent"
        android:layout_height="wrap_content"
        android:scrollbars="none">
        <LinearLayout xmlns:tools="http://schemas.android.com/tools"
                android:orientation="vertical">

            ...

                <androidx.cardview.widget.CardView
                style="@style/CommonWhiteCardViewTheme1"
                android:layout_width="match_parent"
                android:layout_height="wrap_content"
                android:background="@color/white"
                app:contentPadding="0dp">
                <LinearLayout
                    android:layout_width="match_parent"
                    android:layout_height="wrap_content"
                    android:orientation="vertical"
                    android:padding="10dp">

                    <TextView
                        android:id="@+id/tvUpdateTime"
                        android:layout_width="match_parent"
                        android:layout_height="wrap_content"
                        android:text='@{"更新时间:" + bean.updated_date}'
                        android:textColor="@color/dark"
                        android:textSize="16sp" />

                    <LinearLayout
                        android:layout_width="match_parent"
                        android:layout_height="wrap_content"
                        android:layout_marginTop="10dp"
                        android:orientation="horizontal">

                        <ImageView
                            android:layout_width="20dp"
                            android:layout_height="20dp"
                            android:src="@mipmap/img_high" />

                        <TextView
```

```
            android:layout_width="wrap_content"
            android:layout_height="wrap_content"
            android:layout_gravity="center_vertical"
            android:layout_marginLeft="10dp"
            android:text=" 高风险地区： "
            android:textColor="@color/dark"
            android:textSize="16sp" />

        <TextView
            android:layout_width="wrap_content"
            android:layout_height="wrap_content"
            android:layout_gravity="center_vertical"
            android:text='@{bean.high_count + " 个 "}'
            android:textColor="@color/red"
            android:textSize="16sp" />
    </LinearLayout>

    <LinearLayout
        android:layout_width="match_parent"
        android:layout_height="wrap_content"
        android:layout_marginTop="10dp"
        android:orientation="horizontal">

        <ImageView
            android:layout_width="20dp"
            android:layout_height="20dp"
            android:src="@mipmap/img_middle" />

        <TextView
            android:layout_width="wrap_content"
            android:layout_height="wrap_content"
            android:layout_gravity="center_vertical"
            android:layout_marginLeft="10dp"
            android:text=" 中风险地区： "
            android:textColor="@color/dark"
            android:textSize="16sp" />

        <TextView
            android:layout_width="wrap_content"
            android:layout_height="wrap_content"
            android:layout_gravity="center_vertical"
            android:text='@{bean.middle_count + " 个 "}'
            android:textColor="@color/yellow"
            android:textSize="16sp" />
    </LinearLayout>

</LinearLayout>
```

```
                </androidx.cardview.widget.CardView>


                <androidx.recyclerview.widget.RecyclerView
                    android:id="@+id/rvData"
                    android:layout_width="match_parent"
                    android:layout_height="wrap_content" />
            </LinearLayout>
        </androidx.core.widget.NestedScrollView>
    </layout>
```

在分别显示中、高风险地区详情信息之前，需要先显示标题信息加以区分，所以要创建数据布局 item_risklevel_message.xml 和标题布局 item_title.xml，在 adapter 中基于数据类型分别显示即可，创建 RiskLevelMessageAdapter 的代码如下：

```
class RiskLevelMessageAdapter(
    var data: List<RiskLevelDetailBean>
) : RecyclerView.Adapter<RecyclerView.ViewHolder>() {
    override fun onCreateViewHolder(parent: ViewGroup, viewType: Int):
        RecyclerView.ViewHolder {
        when (viewType) {
            DataTypeEnum.DATA_IS_RISKLEVEL.ordinal -> {
                val binding = ItemRisklevelMessageBinding.inflate(
                    LayoutInflater.from(parent.context), parent, false
                )
                return DataViewHolder(binding)
            }
            DataTypeEnum.DATA_IS_HIGH_TITLE.ordinal,
            DataTypeEnum.DATA_IS_MIDDLE_TITLE.ordinal -> {
                val binding = ItemTitleBinding.inflate(
                    LayoutInflater.from(parent.context), parent, false
                )
                return DataTitleHolder(binding)
            }
            else -> {
                // 处理未知类型
                val binding = ItemErrorBinding.inflate(
                    LayoutInflater.from(parent.context), parent, false
                )
                return UnknowDataType(binding)
            }
        }
    }

    override fun onBindViewHolder(holder: RecyclerView.ViewHolder, position: Int) {
        when (holder) {
            is DataViewHolder -> {
```

```
                holder.binding.bean = data[position]
            }
            is DataTitleHolder -> {
                if (data[position].dataType == DataTypeEnum.DATA_IS_HIGH_TITLE.
                    ordinal) {
                    holder.img.setImageResource(R.mipmap.img_high)
                    holder.title.text = "高风险地区信息"
                } else {
                    holder.img.setImageResource(R.mipmap.img_middle)
                    holder.title.text = "中风险地区信息"
                }
            }
        }
    }
    ...
    internal class DataViewHolder(val binding: ItemRisklevelMessageBinding) :
        RecyclerView.ViewHolder(binding.root)

    internal class DataTitleHolder(val binding: ItemTitleBinding) :
        RecyclerView.ViewHolder(binding.root) {
        var img = binding.imgSrc
        var title = binding.tvTitle
    }

    internal class UnknowDataType(val binding: ItemErrorBinding) :
        RecyclerView.ViewHolder(binding.root)

}
```

为了增强程序的健壮性，这里针对数据类型单独处理了未知类型，也就是说，当业务中出现未知的数据类型时，不会影响用户的正常使用。ItemErrorBinding对应布局的代码如下：

```
<LinearLayout xmlns:android="http://schemas.android.com/apk/res/android"
    android:layout_width="match_parent"
    android:layout_height="wrap_content"
    android:orientation="horizontal"
    android:padding="10dp">
    <TextView
        android:layout_width="match_parent"
        android:layout_height="wrap_content"
        android:layout_gravity="center_vertical"
        android:text="位置的数据类型"
        android:textColor="@color/black"
        android:textSize="18sp" />
</LinearLayout>
```

在 Activity 中查询风险等级地区的数据后，可创建 adapter 并设置给 RecyclerView 控件，查询数据的方法如下：

```
private fun loadData() {
    DialogLoadingUtils.showLoading(this, "请稍后")
    riskLevelViewModel.loadRiskLevelMessage().observe(this, Observer {
        DialogLoadingUtils.cancel()
        it?.let {
            if (it.error_code == 0) {
                mViewBinding.bean = it.result
                val list = mutableListOf<RiskLevelDetailBean>()
                val highTitle = RiskLevelDetailBean()
                highTitle.dataType = DataTypeEnum.DATA_IS_HIGH_TITLE.ordinal
                list.add(highTitle)
                it.result?.high_list?.let {
                    list.addAll(it)
                }
                val middleTitle = RiskLevelDetailBean()
                middleTitle.dataType = DataTypeEnum.DATA_IS_MIDDLE_TITLE.ordinal
                list.add(middleTitle)
                it.result?.middle_list?.let { middle ->
                    list.addAll(middle)
                }
                val riskLevelAdapter = RiskLevelMessageAdapter(list)
                mViewBinding.rvData.adapter = riskLevelAdapter
            }
        }
    })
}
```

这里手动创建并添加中、高风险地区标题信息，并将中、高风险地区信息放置在一个集合中。运行程序，即可得到查询风险等级地区信息的结果。

到这里，还剩下最后一个查询健康出行政策的功能，继续完成吧！

11.6 查询健康出行政策

查询健康出行政策的功能是用户选择出发地、目的地城市之后，展示出发地与目的地的防疫政策，并展示相关风险等级。

11.6.1 实现逻辑层代码

下面根据健康出行政策接口返回的数据结构来定义逻辑层对应的实体类，首先定义 TravelPolicyReqBean 类，其中包含 from_info 和 to_info 字段，代码如下：

```
class TravelPolicyReqBean {
    val from_info: PolicyDetailReqBean? = null
    val to_info: PolicyDetailReqBean? = null
}
```

from_info 与 to_info 表示出发地与目的地的政策信息，字段类型为 PolicyDetail-ReqBean 实体类，以下是精简后 PolicyDetailReqBean 实体类的代码：

```
class PolicyDetailReqBean {
    var province_id: String? = null
    var city_id: String? = null
    var city_name: String? = null
    var health_code_desc: String? = null
    var health_code_gid: String? = null
    var health_code_name: String? = null
    var health_code_picture: String? = null
    var health_code_style: String? = null
    var high_in_desc: String? = null
    var low_in_desc: String? = null
    var out_desc: String? = null
    var province_name: String? = null
    var risk_level: String? = null
    val isLowRisk: Boolean
    get() {
            risk_level?.let {
                if (it == "0" || it == "1") {
                    return true
                }
            }
            return false
        }
    val riskLevelDesc: String
        get() {
            risk_level?.let {
                return RiskLevelEnum.getRiskLevelDesc(it)
            }
            return "未知"
        }
}
```

在上述代码中，risk_level 字段是接口返回的风险等级，其字段值枚举类 Risk-LevelEnum 的代码如下：

```
enum class RiskLevelEnum(var riskLevel: String, var riskLevelDesc: String) {
    ENUM_0("0", "未知"),
```

```
    ENUM_1("1", "低风险"),
    ENUM_2("2", "中风险"),
    ENUM_3("3", "高风险"),
    ENUM_4("4", "部分地区中风险"),
    ENUM_5("5", "部分地区高风险"),
    ENUM_6("6", "部分地区中高风险");

    companion object {
        fun getRiskLevelDesc(riskLevel: String): String {
            for (c in values()) {
                if (c.riskLevel == riskLevel) {
                    return c.riskLevelDesc
                }
            }
            return ""
        }
    }

}
```

为了将结果显示在 UI 中，这里分别自定义了 isLowRisk 是否是低风险地区、riskLevelDesc 风险等级相关描述字段，查询出行政策的 API 地址是"query"，需要传参出发地和目的地，定义接口 TravelPolicyApi 的代码如下：

```
interface TravelPolicyApi {
    /**
     * 查询出行政策
     * @param: 接口 key 值，此处使用 BaseApi 中的默认值
     * @param fromCityId 出发地城市 id
     * @param toCityId 目的地城市 id
     */
    @GET("query")
    suspend fun queryTravelPolicy(
        @Query("from") fromCityId: String,
        @Query("to") toCityId: String,
        @Query("key") key: String = BaseApi.KEY
    ): BaseReqData<TravelPolicyReqBean>
}
```

定义了接口之后，再分别实现仓库层、ViewModel 层。首先创建仓库层 Travel-PolicyRespository，代码如下：

```
class TravelPolicyRespository {
    // 创建 service 实例
    private var netWork = RetrofitServiceBuilder.createService(
        TravelPolicyApi::class.java
    )
```

```
/**
 * 查询检测机构信息
 * @param fromCityId 出发城市 id
 * @param toCityId 目的地城市 id
 */
suspend fun queryTravelPolicy(
    fromCityId: String,
    toCityId: String
): BaseReqData<TravelPolicyReqBean>? {
    netWork?.let {
        return it.queryTravelPolicy(fromCityId, toCityId)
    }
    return null
}
}
```

之后，新建 ViewModel 类 TravelPolicyViewModel，在 TravelPolicyViewModel 中定义方法 queryTravelPolicy，代码如下：

```
class TravelPolicyViewModel : ViewModel() {
    /**
     * 查询检测机构信息
     * @param fromCityId 出发地城市
     * @param toCityId 目的地城市
     */
    fun queryTravelPolicy(
        fromCityId: String,
        toCityId: String
    ) = flow {
        val data = TravelPolicyRespository().queryTravelPolicy(
            fromCityId, toCityId
        )
        emit(data)
    }.catch {
        if (it is Exception) {
            HttpErrorDeal.dealHttpError(it)
        }
        emit(null)
    }.asLiveData()
}
```

创建好了仓库层和 ViewModel 层，接着来实现 UI 层。

11.6.2 实现 UI 层代码

在 xml 中定义两个 TextView，分别用来选择出发地和目的地，使用请求码 request-

Code 作为区分，选择城市数据监听事件的代码如下：

```
// 选择出发地
mViewBinding.tvFromCity.setOnClickListener {
    ARouter.getInstance().build(ARouteConfig.CITY_DATA)
        .navigation(this, REQUSET_CODE_SELECT_FROM_CITY)
}
// 选择目的地
mViewBinding.tvToCity.setOnClickListener {
    ARouter.getInstance().build(ARouteConfig.CITY_DATA)
        .navigation(this, REQUSET_CODE_SELECT_TO_CITY)
}
```

上述代码在 onActivityResult 的回调中接收选择的城市数据，当出发地和目的地都不为空的时候，调用接口查询健康出行政策，onActivityResult 方法的代码如下：

```
override fun onActivityResult(requestCode: Int, resultCode: Int, data: Intent?)
{
    super.onActivityResult(requestCode, resultCode, data)
    when (requestCode) {
        REQUSET_CODE_SELECT_FROM_CITY -> {
            // 选择出发地
            if (resultCode == ResultCodeConfig.RESULE_CODE_SELECT_CITY_SUCCESS) {
                fromCityId = data?.getStringExtra(CITY_ID)
                mViewBinding.tvFromCity.text = data?.getStringExtra(CITY_NAME)
                loadData()
            }
        }
        REQUSET_CODE_SELECT_TO_CITY -> {
            // 选择目的地
            if (resultCode == ResultCodeConfig.RESULE_CODE_SELECT_CITY_SUCCESS) {
                toCityId = data?.getStringExtra(CITY_ID)
                mViewBinding.tvToCity.text = data?.getStringExtra(CITY_NAME)
                loadData()
            }
        }
    }
}
```

在这里可能会有读者发现，onActivityResult 方法被标记为过期了，这是因为官方现在推荐使用 Activity Result API 来替代 startActivityForResult 方法启动页面并接收页面回调。而这里使用的 ARoute 路由框架当前版本仍是采用 startActivityForResult 方式来启动 Activity 的，所以这里直接忽略即可。

选择好出发地和目的地之后，就可以请求数据了。这里直接将请求的结果绑定到布局上，loadData 方法的代码如下：

```
private fun loadData() {
    fromCityId?.let { fromCityId ->
        toCityId?.let { toCityId ->
            DialogLoadingUtils.showLoading(this, "请稍后")
            travelPolicyViewModel.queryTravelPolicy(fromCityId, toCityId)
                .observe(this, Observer {
                    DialogLoadingUtils.cancel()
                    it?.let {
                        if (it.error_code == 0) {
                            mViewBinding.bean = it.result
                        }
                    }
                })
        }
    }
}
```

最后来看一下主布局的代码，主布局的主要代码如下：

```
<androidx.cardview.widget.CardView>
    <LinearLayout>
        <LinearLayout>
            <ImageView/>
            <TextView
                android:layout_width="wrap_content"
                android:layout_height="wrap_content"
                android:layout_marginStart="10dp"
                android:text='@{bean.from_info.city_name}'
                android:textColor="@color/black"
                android:textSize="17sp" />
            <TextView
                android:layout_width="wrap_content"
                android:layout_height="wrap_content"
                android:layout_marginLeft="10dp"
                android:text='@{bean.from_info.riskLevelDesc}'
                android:textColor='@{bean.from_info.lowRisk?   0xff77ff00:0xffff0000}'
                android:textSize="14sp" />
        </LinearLayout>
        <LinearLayout>
            <TextView
                android:layout_width="wrap_content"
                android:layout_height="wrap_content"
                android:text='@{bean.from_info.city_name != null? "出" + bean.
                    from_info.city_name:""}'
                android:textColor="@color/black"
                android:textSize="17sp" />
```

```xml
<TextView
    android:layout_width="wrap_content"
    android:layout_height="wrap_content"
    android:layout_marginTop="10dp"
    android:text='@{bean.from_info.out_desc}'
    android:textColor="@color/dark"
    android:textSize="14sp" />

<TextView
    android:layout_width="wrap_content"
    android:layout_height="wrap_content"
    android:layout_marginTop="20dp"
    android:text='@{bean.from_info.city_name != null ? "进" + bean.
        from_info.city_name:""}'
    android:textColor="@color/black"
    android:textSize="17sp" />

<TextView
    android:layout_width="wrap_content"
    android:layout_height="wrap_content"
    android:layout_marginTop="10dp"
    android:text='@{bean.from_info.high_in_desc}'
    android:textColor="@color/dark"
    android:textSize="14sp" />
        </LinearLayout>
    </LinearLayout>
</androidx.cardview.widget.CardView>
```

运行程序，进入查询健康出行政策模块，选择出发地、目的地，即可得到运行结果。

11.7　小结

到这里，已经完成了健康出行 App 的所有功能。健康出行 App 基于官方推荐的架构模式开发并采用组件化形式将模块功能独立。其中，使用了之前章节所学习的协程、DataBinding、Flow 等组件，不过健康出行 App 仍算不上是一个成熟的项目，在此基础上读者可自行对需求做进一步的扩展和优化，相信这已经完全不是问题！下一章我们将一起感受最新响应式 UI 编程——Jetpack Compose 的风采。

体验最新响应式编程技术
Jetpack Compose

上一章通过打造一个 MVVM 架构的健康出行 App，总结了 Jetpack 各组件如何在实际项目中结合使用，可以说那是一个比较系统且规范的项目。在本书的最后一章，将介绍 Jetpack Compose。作为 Google 近两年除了 Jetpack 架构组件之外大力支持的新技术，开发者了解并使用 Jetpack Compose 技术是很有必要的。下面就来一起体验一下最新响应式编程——Jetpack Compose（以下简称 Compose）。

12.1 什么是 Jetpack Compose

Compose 是 Google 最新发布的用于构建原生 Android 界面的新工具包，经过两年的发展，其已于 2021 年 7 月份发布正式版本 1.0.0（当你阅读本书时，可能 Compose 又更新了其他的版本）。Compose 是基于响应式的编程模型，也就是说，开发者只需描述界面的外观，Compose 就会负责完成其余工作，界面会随着应用状态的变化而自动更新。以上是官方的描述，那么在此之前开发者是如何实现一个功能的呢？答案是需要在 Activity 中编写 Java/Kotlin 的代码，在 xml 中编写布局代码。这是已经使用了很久的方式。而 Compose 完全抛弃了之前的方式，新创了一种"组合函数"编写页面的方式，这种方式有一个好听的名字，叫做响应式 UI。

说到响应式 UI，不得不提的就是经常拿来与 Compose 比较的 Flutter 技术。从目前来看 Compose 与 Flutter 的发展趋势一样，都在往全平台的方向发展，即一套代码可同时运行在 Android、桌面等平台上。Compose 和 Flutter 的优缺点也是众说纷纭，这里就不去探讨两个技术的差异性了。

掌握了响应式编程的思想才能做到融会贯通，接下来一起了解一下 Compose 的基础知识吧。

12.2　Compose 的基础知识

Compose 可简化并加快 Android 上的界面开发，帮助开发者使用更少的代码、强大的工具和直观的 Kotlin API 快速打造生动而精彩的应用。下面先来看如何新建一个支持 Compose 的 Android 项目。

12.2.1　新建支持 Compose 的 Android 项目

使用 Compose 需要使用 Android Studio 4.2 或更高的版本。为了更好地体验 Compose 功能，当前建议使用 Android Studio Arctic Fox 版本。首先新建项目，选择 Empty Compose Activity 选项，如图 12-1 所示。

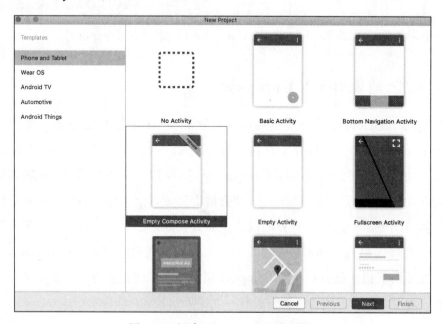

图 12-1　新建 Compose Android 项目

点击 Next，直至完成项目的创建。项目创建完成后，再来看一下如何修改项目的配置文件。新建项目默认是不需要修改配置文件的，这里为了使用最新的 Compose 版本修改了对应的版本号。

首先修改项目中的 build.gradle，代码如下：

```
buildscript {
    ext {
        compose_version = '1.0.0'
    }
    ext.kotlin_version = "1.5.10"
    dependencies {
        classpath "com.android.tools.build:gradle:4.2.0-alpha16"
        classpath "org.jetbrains.kotlin:kotlin-gradle-plugin:$kotlin_version"
        }
}
```

上述代码已修改 Compose 版本号为当前最新版本 1.0.0，以及 Kotlin 版本号为 1.5.10。接下来来看 app 模块下生成的 build.gradle 的主要配置，代码如下：

```
android {
    ...
    compileOptions {
        sourceCompatibility JavaVersion.VERSION_1_8
        targetCompatibility JavaVersion.VERSION_1_8
    }
    kotlinOptions {
        jvmTarget = '1.8'
        useIR = true
    }
    buildFeatures {
        compose true
    }
    composeOptions {
        kotlinCompilerExtensionVersion compose_version
        kotlinCompilerVersion '1.5.10'
    }
}
```

这里主要启用了 Compose 和 JDK 1.8 版本，依赖资源的相关代码如下：

```
dependencies {
    implementation "org.jetbrains.kotlin:kotlin-stdlib:$kotlin_version"
    implementation 'androidx.core:core-ktx:1.3.2'
    implementation 'androidx.appcompat:appcompat:1.2.0'
    implementation 'com.google.android.material:material:1.2.1'
    implementation "androidx.compose.ui:ui:$compose_version"
```

```
        implementation "androidx.compose.material:material:$compose_version"
        implementation "androidx.compose.ui:ui-tooling:$compose_version"
        implementation "androidx.activity:activity-compose:$compose_version"
        implementation "androidx.compose.foundation:foundation:$compose_version"
        implementation 'androidx.lifecycle:lifecycle-runtime-ktx:2.3.0-alpha06'
        ...
    }
```

这里主要是 Compose UI 等相关包的依赖，打开默认生成的 MainActivity 文件，代码如下：

```
class MainActivity : AppCompatActivity() {
    override fun onCreate(savedInstanceState: Bundle?) {
        super.onCreate(savedInstanceState)
        setContent {
            Compose002Theme {
                Surface(color = MaterialTheme.colors.background) {
                    Greeting("Android")
                }
            }
        }
    }
}

@Composable
fun Greeting(name: String) {
    Text(text = "Hello $name!")
}

@Preview(showBackground = true)
@Composable
fun DefaultPreview() {
    Compose002Theme {
        Greeting("Android")
    }
}
```

这里先不关心代码的具体语法，运行程序，打开 App，效果如图 12-2 所示。

图 12-2　默认代码运行效果

从上述代码中可以看到，Greeting 方法接收了一个 name 参数，并使用 @Composable 进行了注解。这样的函数是一个可组合函数，Compose 就是围绕可组合函数构建的。

12.2.2　可组合函数与常用注解

可组合函数是 Compose 的基本构建块，它是 Unit 的一种函数，用于描述界面中的某一部分，该函数接受输入并生成屏幕上显示的内容。下面以前面的 Greeting 方法为例，示例代码如下：

```
@Composable
fun Greeting(name: String) {
    Text(text = "Hello $name!")
}
```

在上述代码中，Greeting 接收了一个 name 参数，所有的可组合函数都必须使用 @Composable 注解。编辑器会将带有此注解的函数转为页面。Greeting 中调用了 Text 函数，Text 函数也是一个可组合函数，其构造方法如下：

```
@Composable
fun Text(
    text: String,
    modifier: Modifier = Modifier,
    color: Color = Color.Unspecified,
    fontSize: TextUnit = TextUnit.Unspecified,
    fontStyle: FontStyle? = null,
    fontWeight: FontWeight? = null,
    fontFamily: FontFamily? = null,
    letterSpacing: TextUnit = TextUnit.Unspecified,
    textDecoration: TextDecoration? = null,
    textAlign: TextAlign? = null,
    lineHeight: TextUnit = TextUnit.Unspecified,
    overflow: TextOverflow = TextOverflow.Clip,
    softWrap: Boolean = true,
    maxLines: Int = Int.MAX_VALUE,
    onTextLayout: (TextLayoutResult) -> Unit = {},
    style: TextStyle = LocalTextStyle.current
)
```

除了 Greeting 方法外，还默认生成了一个 DefaultPreview 方法，代码如下：

```
@Preview(showBackground = true)
@Composable
fun DefaultPreview() {
    Compose002Theme {
        Greeting("Android")
    }
}
```

　　DefaultPreview 除了使用了 @Composable 注解外，还使用了 @Preview 注解。因为 Compose 要求可组合函数必须为任何参数提供默认值，所以无法直接对 Greeting 函数进行预览。通过 @Preview 注解就可以在布局中预览 Greeting 函数生成的视图。新建一个 DefaultPreview 函数，调用 Greeting 函数并进行传参，这样就可以预览 Greeting 函数了。预览效果如图 12-3 所示。

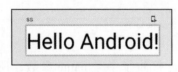

图 12-3　预览效果图

　　在 Greeting 方法中调用了 Text 函数，Text 函数的作用是显示一个文本，类似于传统 View 下的 TextView 组件。但是这里的 Text 与 TextView 是没有任何关系的。接下来介绍 Compose 的一些基础组件。

12.3　Compose 基础组件的使用

　　同传统 View 一样，Compose 也包含了许多基础组件，如文本组件、图片组件以及布局组件。

12.3.1　Compose 文本组件和图片组件

1. 文本组件

　　Compose 为开发者提供了基础的 BasicText 和 BasicTextField，它们是用于显示文字以及处理用户输入内容的主要函数。但是 Android 平台中推荐使用更高级的 Text 和 TextField，因为它们是遵循 Material Design 准则的，所以展示出来的效果比较美观。Text 函数构造方法的代码如下：

```
@Composable
fun Text(
    text: String,
    modifier: Modifier = Modifier,
    color: Color = Color.Unspecified,
    fontSize: TextUnit = TextUnit.Unspecified,
```

```
    fontStyle: FontStyle? = null,
    fontWeight: FontWeight? = null,
    fontFamily: FontFamily? = null,
    letterSpacing: TextUnit = TextUnit.Unspecified,
    textDecoration: TextDecoration? = null,
    textAlign: TextAlign? = null,
    lineHeight: TextUnit = TextUnit.Unspecified,
    overflow: TextOverflow = TextOverflow.Clip,
    softWrap: Boolean = true,
    maxLines: Int = Int.MAX_VALUE,
    onTextLayout: (TextLayoutResult) -> Unit = {},
    style: TextStyle = LocalTextStyle.current
)
```

上述代码中设置了 color、fontSize 等参数，假设现在需将文字大小设置为20sp，文字颜色设置为红色，修改 Greeting 方法的代码即可，示例如下：

```
@Composable
fun Greeting(name: String) {
    Text(text = "Hello $name!", fontSize = 20.sp, color = Color.Red)
}
```

运行程序，效果如图 12-4 所示。

图 12-4　设置文字大小与颜色效果图

Text 的其他属性以及 TextField 等组件的使用，读者可自行实践。

2. 图片组件

除了基本的文字之外，图片组件也是在开发中常用的组件，那么在 Compose 中图片组件是如何使用的呢？新建一个 showImage 方法，并添加 @Composable 注解，代码如下：

```
@Composable
fun showImage() {
    Image(
        painter = painterResource(id = R.mipmap.photo
            ),contentDescription = "this is a picture")
}
```

在 Image 组件中会通过 painterResource 为 painter 设置本地资源图片 R.mipmap.

photo。上述代码中的 contentDescription 是对图片的描述。在 Surface 的代码块中调用 showImage 方法，运行结果如图 12-5 所示。

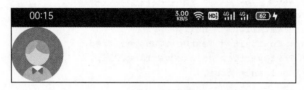

图 12-5　Image 组件显示效果图

接着在 Greet 函数中再添加一个 Text 组件显示 Hello Compose，代码如下：

```
@Composable
fun Greeting(name: String) {
    Text(text = "Hello $name!", fontSize = 20.sp, color = Color.Red)
    Text(text = "Hello Compose", fontSize = 20.sp, color = Color.Red)
}
```

运行程序的效果如图 12-6 所示。

图 12-6　两个 Text 组件显示效果图

从图 12-6 中可以看出，两个 Text 的内容重叠在一起了，这是因为两个 Text 组件不知道该如何排列，我们可以使用布局组件来解决这个问题。传统的 View 体系中有线性布局 LinearLayout、相对布局 RelativeLayout 等，在 Compose 中同样为开发者提供了布局组件。

12.3.2　Compose 布局组件

Compose 为开发者提供了 Column 函数，用于将元素垂直排列；Row 函数用于将元素水平排列；Box 函数用于将元素堆叠排列。所以在上一节的实例中，添加一个 Column 函数就可以使得两个 Text 组件垂直排列显示了，代码如下：

```
@Composable
fun Greeting(name: String) {
    Column() {
        Text(text = "Hello $name!", fontSize = 20.sp, color = Color.Red)
```

```
        Text(text = "Hello Compose", fontSize = 20.sp, color = Color.Red)
    }
}
```

运行程序，效果如图 12-7 所示。

图 12-7　Column 布局显示效果

前面已介绍，Row 函数可以让元素水平排列。在新闻列表项目中，经常会用到左边为图片、右侧为标题与内容的布局，用 Compose 实现这样的布局，代码如下：

```
@Composable
fun News() {
    Column() {
        for (i in 0..3) {
            Row(Modifier.padding(20.dp)) {
                Image(
                    painter = painterResource(id = R.mipmap.news),
                    contentDescription = "this is a picture",
                )
                Column(Modifier.padding(horizontal = 20.dp)) {
                    Text(text = " 这是新闻标题", fontSize = 20.sp, color = Color.
                        Black)
                    Text(text = " 这是新闻内容 ", fontSize = 18.sp, color = Color.
                        DarkGray)
                }
            }
        }
    }
}
```

这里定义了一个可组合函数 News，在 News 中生成了 4 个垂直排列的元素，每个元素中的内容都是水平排列的一组图片和 Text 组件。Modifier 是 Compose 提供的修饰符，通过 Modifier 可以为组件设置边距、大小等，这里了解一下即可。执行 News 函数，运行程序，效果如图 12-8 所示。

图 12-8 中显示的效果类似 Android 原生 View 体系中的 RecycleView 组件，实践过的读者可能会注意到，当创建的数据量过多时，上述代码的实现方式是无法达到 RecycleView 组件的效果的，因为数据无法滚动。那么如何实现原生 View 体系中

RecycleView 组件的效果呢？接下来看 Compose 中列表组件的使用。

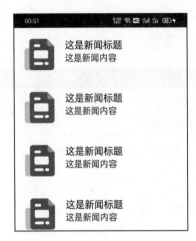

图 12-8　News 函数运行效果图

12.4　Compose 列表组件的使用

在 Android 原生 View 体系中，可以使用 RecycleView、GridView 组件分别实现垂直列表、网格列表的样式，Compose 同样为开发者提供了类似的组件来实现列表效果。

12.4.1　垂直列表组件 LazyColumn 的使用

在上一节最后的示例中，通过 for 循环创建了四条新闻列表数据，当创建的数据增多，超过屏幕范围（比如 10 条）时，将导致下面的数据无法看到。在 Compose 中可以使用 LazyColumn 组件来实现类似 RecycleView 的效果。

使用 LazyColumn 组件实现显示新闻列表数据的功能，示例代码如下：

```
@Composable
fun News() {
    LazyColumn(content = {
        for (i in 0..30) {
            item {
                Row(Modifier.padding(20.dp)) {
                    Image(
                        painter = painterResource(id = R.mipmap.news),
                        contentDescription = "this is a picture",
```

```
        )
        Column(Modifier.padding(horizontal = 20.dp)) {
            Text(text = "这是新闻标题 ${i}", fontSize = 20.sp, color
                = Color.Black)
            Text(text = "这是新闻内容 ${i}", fontSize = 18.sp, color
                = Color.DarkGray)
        }
    }
  }
})
}
```

运行程序，结果如图 12-9 所示。

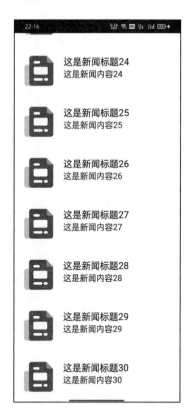

图 12-9　使用 LazyColumn 实现 RecycleView 的效果

从图 12-9 中可以看出，30 条数据可以全部显示出来了，使用 LazyColumn 组件实现的效果比原生 View 体系中使用 RecycleView 组件的简洁了许多。

下面来看 LazyColumn 的函数方法，代码如下：

```
@Composable
fun LazyColumn(
    modifier: Modifier = Modifier,
    state: LazyListState = rememberLazyListState(),
    contentPadding: PaddingValues = PaddingValues(0.dp),
    reverseLayout: Boolean = false,
    verticalArrangement: Arrangement.Vertical =
        if (!reverseLayout) Arrangement.Top else Arrangement.Bottom,
    horizontalAlignment: Alignment.Horizontal = Alignment.Start,
    flingBehavior: FlingBehavior = ScrollableDefaults.flingBehavior(),
    content: LazyListScope.() -> Unit
)
```

其中最主要的是 Content 参数，Content 参数用于描述代码块的内容，是 Lazy-ListScope 类型的扩展函数。LazyListScope 接口提供了 item、items 以及 stickyHeader 方法，用于添加项目，上述代码就是通过 item 方法来添加单个内容的。

在实际开发中，数据可能是通过网络请求获取的，可将数据修改为传参的方式，修改后的代码如下：

```
// 显示新闻数据的 View
@Composable
fun newsView(newsData: NewsData) {
    Row(Modifier.padding(20.dp)) {
        Image(
            painter = painterResource(id = R.mipmap.news),
            contentDescription = "this is a picture",
        )
        Column(Modifier.padding(horizontal = 20.dp)) {
            Text(text = newsData.newsTitle, fontSize = 20.sp, color = Color.Black)
            Text(text = newsData.newsDesc, fontSize = 18.sp, color = Color.DarkGray)
        }
    }
}


@Composable
fun News(newsData: List<NewsData>) {
    LazyColumn(content = {
        for (i in newsData.indices) {
            item {
                newsView(newsData = newsData[i])
            }
        }
    })
}
```

将显示新闻数据的 View 抽取成单独的方法 newsView，在调用 News 方法时传入
新闻数据，代码如下：

```
setContent {
    Compose002Theme {
        Surface(color = MaterialTheme.colors.background) {
            val list = arrayListOf<NewsData>()
            for (i in 0..30) {
                list.add(
                    NewsData(
                        "我是新闻标题 ${i}",
                        "我是新闻内容 ${i}"
                    )
                )
            }
            News(list)
        }
    }
}
```

运行程序，结果如图 12-10 所示。

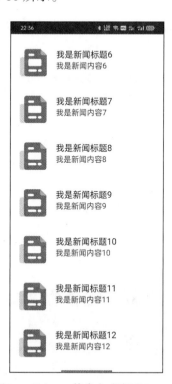

图 12-10　使用 LazyColumn 传参方式实现 RecycleView 的效果

此处将显示新闻数据的 View 抽取成单独的方法，不仅仅是为了演示传参的使用方式，在实际项目开发中也有助于 View 的复用。如果现在想让新闻内容水平滚动该如何实现呢？

12.4.2　水平列表组件 LazyRow 的使用

LazyRow 是 Compose 为开发者提供的水平滚动组件，使用方式很简单，可直接将上一节代码中的 LazyColumn 替换为 LazyRow，代码如下：

```
@Composable
fun News(newsData: List<NewsData>) {
    LazyRow(content = {
        for (i in newsData.indices) {
            item {
                newsView(newsData = newsData[i])
            }
        }
    })
}
```

为了便于展示水平滚动的效果，还需要将生成的数据内容修改为菜单序号，代码如下：

```
Surface(color = MaterialTheme.colors.background) {
    val list = arrayListOf<NewsData>()
    for (i in 0..30) {
        list.add(
            NewsData(
                "菜单 ${i}",
                "菜单 ${i}"
            )
        )
    }
    News(list)
}
```

运行程序，结果如图 12-11 所示。

图 12-11　LazyRow 组件实现水平列表效果

LazyRow 的使用方式与 LazyColumn 基本一致，这里就不过多讲解了。下面来看最后一个列表组件——网格列表组件 LazyVerticalGrid。

12.4.3 网格列表组件 LazyVerticalGrid 的使用

网格列表组件 LazyVerticalGrid 实现的效果与原生 View 体系中的 GridView 组件一致。先来看 LazyVerticalGrid 组件的实现方式，函数代码如下：

```
@ExperimentalFoundationApi
@Composable
fun LazyVerticalGrid(
    cells: GridCells,
    modifier: Modifier = Modifier,
    state: LazyListState = rememberLazyListState(),
    contentPadding: PaddingValues = PaddingValues(0.dp),
    content: LazyGridScope.() -> Unit
)
```

从上述代码中可以看出，除了 content 参数之外，cells 在 LazyVerticalGrid 组件中也是必传的参数。

GridCells 是一个用于描述单元格构成方式的密封类，代码如下：

```
@ExperimentalFoundationApi
sealed class GridCells {
    // 指定单元格的列数
    @ExperimentalFoundationApi
    class Fixed(val count: Int) : GridCells()
    // 指定单元格之间的空间，按照空间均匀分布显示
    @ExperimentalFoundationApi
    class Adaptive(val minSize: Dp) : GridCells()
}
```

需要注意的是，这两个属性都还是处于实验阶段的 API，因此不建议在开发环境中使用。继续修改 News 方法，代码如下：

```
@ExperimentalFoundationApi
@Composable
fun News(newsData: List<NewsData>) {
    LazyVerticalGrid(cells = GridCells.Fixed(2), content = {
        for (i in newsData.indices) {
            item {
                newsView(newsData = newsData[i])
            }
        }
    })
}
```

这里指定单元格的列数为 2，运行程序，结果如图 12-12 所示。

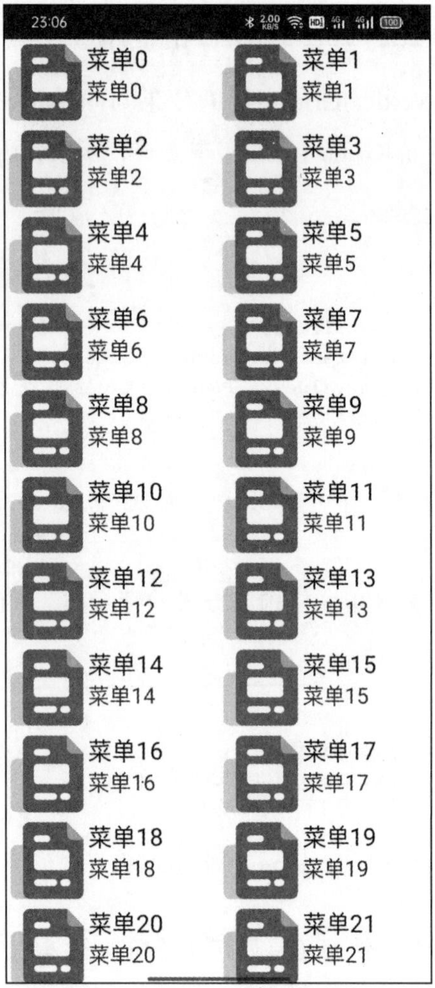

图 12-12　使用 LazyVerticalGrid 组件实现 GridView 的效果

从上面的这些例子中可以看出，Compose 可通过简单的可组合函数来构建页面。由于可组合函数是用 Kotlin 而不是 XML 编写的，所以开发者可以像编写业务代码一样使用循环语句等动态地创建页面。综合来说，Compose 可以让开发者使用更少的代码编写应用页面，它凭借对 Android 平台 API 的直接访问和对 Material Design、深色主题、动画等功能的内置支持来加速应用开发。

12.5 小结

作为本书的最后一章，介绍了当前最火热的 Jetpack Compose 技术，相信通过前面的例子读者也能看得出，Jetpack Compose 比起传统的 View 是有很大优势的，而响应式编程的普及也是一个必然的趋势。本章仅简单展示了 Jetpack Compose 的基础用法，它还有更多新颖有趣的用法，而那就是另一个故事了，期待我们在下一个故事中再见！

到这里，本书的所有章节就结束了。书中通过实际的例子详细讲解了 Lifecycle、LiveData、ViewModel、Room、Hilt、Paging3 等 Jetpack 组件的使用，同时也讲解了在实际开发中常用的 Kotlin 协程、数据流等技术，加上综合项目实践的练习，相信读者已经可以使用 Jetpack 组件独立开发一款 MVVM 架构的 App 了。由于源码解读的特殊性，本书原理小课堂部分都只是做了简单的分析，此外，还有诸如 AppSearch、WorkManager 等不太常用的 Jetpack 组件本书中并未提及，如果想更加深入和全面地学习 Jetpack 架构组件，可以关注我的博客或者公众号，我会长期在博客和公众号中分享更多关于 Jetpack 架构组件的技术文章。

愿今后的学习路上，与君共同进步！

推荐阅读

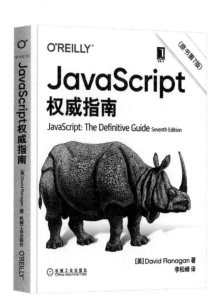

JavaScript权威指南（原书第7版）

ISBN：978-7-111-67722-2

JavaScript"犀牛书"时隔10年重磅升级，全球畅销20余年，几十万前端人的共同选择。

推荐阅读